Mr. Know All

从这里，发现更宽广的世界……

Mr. Know All

小书虫读科学

Mr. Know All

十万个为什么

溶洞里面有什么

《指尖上的探索》编委会 组织编写

小书虫读科学

THE BIG BOOK OF TELL ME WHY

作家出版社

策划出品 悦读名品 **图片服务** 悦读名品 123RF

“千年构思万年雕，至今未搁手中刀。大奇大美大艺术，谁人品味不折腰。”每一个溶洞都是一个美丽的世界。那张扬霸气的穹顶，那开阔壮观的厅堂，那狭长曲折的走廊，那惟妙惟肖的石景，那汩汩而流的泉水……可是你知道溶洞为什么会形成这样壮美的形态吗？溶洞中有着怎样的生命乐章？你了解溶洞中的人文艺术吗？你去过溶洞里探险或游赏吗？本书将告诉你溶洞里面有什么。

图书在版编目（CIP）数据

溶洞里面有什么 /《指尖上的探索》编委会编. --
北京：作家出版社，2015. 11
（小书虫读科学 . 十万个为什么）
ISBN 978-7-5063-8566-4

Ⅰ. ①溶… Ⅱ. ①指… Ⅲ. ①溶洞—青少年读物
Ⅳ. ①P931.5-49

中国版本图书馆CIP数据核字（2015）第278783号

溶洞里面有什么

作　　者 《指尖上的探索》编委会
责任编辑 王　炘
装帧设计 北京高高国际文化传媒
出版发行 作家出版社
社　　址 北京农展馆南里10号　　**邮　　编** 100125
电话传真 86-10-65930756（出版发行部）
86-10-65004079（总编室）
86-10-65015116（邮购部）
E-mail:zuojia@zuojia.net.cn
http://www.haozuojia.com（作家在线）
印　　刷 北京时捷印刷有限公司
成品尺寸 163×210
字　　数 170千
印　　张 10.5
版　　次 2016年1月第1版
印　　次 2016年1月第1次印刷
ISBN 978-7-5063-8566-4
定　　价 29.80元

作家版图书　版权所有　侵权必究
作家版图书　印装错误可随时退换

Mr. Know All

指尖上的探索 编委会

编委会顾问

戚发轫 国际宇航科学院院士 中国工程院院士
刘嘉麒 中国科学院院士 中国科普作家协会理事长
朱永新 中国教育学会副会长
俸培宗 中国出版协会科技出版工作委员会主任

编委会主任

胡志强 中国科学院大学博士生导师

编委会委员（以姓氏笔画为序）

王小东 北方交通大学附属小学
王开东 张家港外国语学校
王思锦 北京市海淀区教育研修中心
王素英 北京市朝阳区教育研修中心
石顺科 中国科普作家协会
史建华 北京市少年宫
吕惠民 宋庆龄基金会
刘　兵 清华大学
刘兴诗 中国科普作家协会
刘育新 科技日报社
李玉先 教育部教育装备研究与发展中心
吴　岩 北京师范大学
张文虎 化学工业出版社
张良驯 中国青少年研究中心
张培华 北京市东城区史家胡同小学
林秋雁 中国科学院大学
周伟斌 化学工业出版社
赵文喆 北京师范大学实验小学
赵立新 中国科普研究所
骆桂明 中国图书馆学会中小学图书馆委员会
袁卫星 江苏省苏州市教师发展中心
贾　欣 北京市教育科学研究院
徐　岩 北京市东城区府学胡同小学
高晓颖 北京市顺义区教育研修中心
覃祖军 北京教育网络和信息中心
路虹剑 北京市东城区教育研修中心

目录 Contents

第一章　溶洞探源

第二章　溶洞的形态奥秘

第三章 溶洞的生命乐章

第四章　溶洞的壁画艺术

第五章　溶洞探险

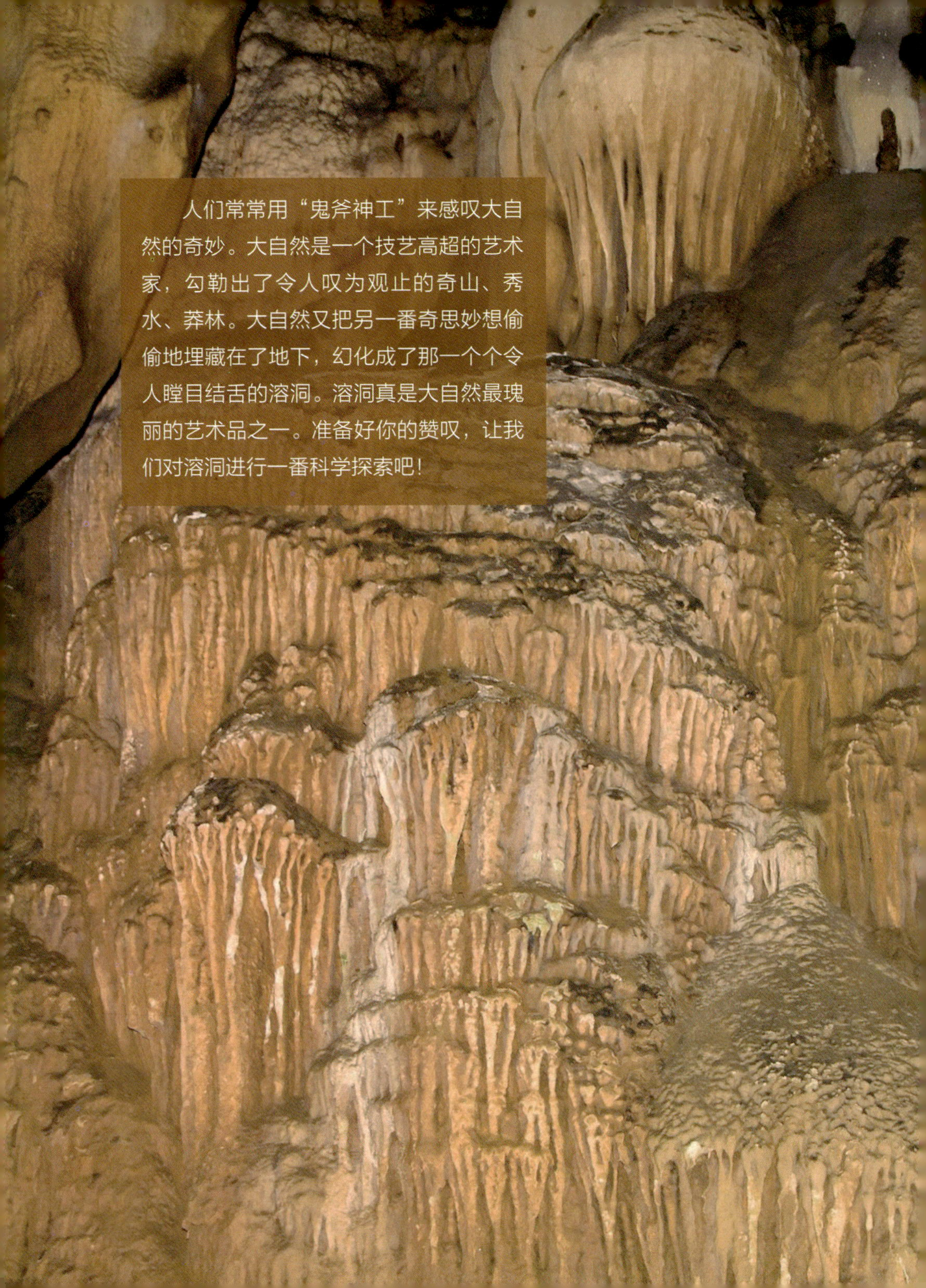

人们常常用“鬼斧神工”来感叹大自然的奇妙。大自然是一个技艺高超的艺术家，勾勒出了令人叹为观止的奇山、秀水、莽林。大自然又把另一番奇思妙想偷偷地埋藏在了地下，幻化成了那一个个令人瞠目结舌的溶洞。溶洞真是大自然最瑰丽的艺术品之一。准备好你的赞叹，让我们对溶洞进行一番科学探索吧！

第一章 溶洞探源

1. 溶洞是否随处可见

溶洞是个美丽的世界。曾有人这样形容一处溶洞："千年构思万年雕，至今未搁手中刀。大奇大美大艺术，谁人品味不折腰。"这是著名作家刘成章游览西安柞水溶洞之后的由衷感叹。那么溶洞是怎么来的呢？

溶洞的形成是特定地区内地下水长期冲刷的结果，而这"特定地区"就是指石灰岩地区。大家不禁要问：石灰岩地区是什么样的呢？简单来说，石灰岩地区主要是在比较浅的海水区形成的，这些地区的岩石可以用来烧制我们盖房子用的石灰和水泥，所以说它们与我们的生活还是息息相关的。而石灰岩的主要成分是不能够溶解在水中的碳酸钙，当碳酸钙受水和二氧化碳的综合作用时就能转化为能溶解在水中的碳酸氢钙。由于石灰岩层各部分组成物质不同，使得被侵蚀的程度不同，就逐渐被溶解、改变成千姿百态的山峰和景观绚丽的溶洞。

溶洞中的绚丽景观是它受宠的最大资本。那张扬霸气的穹顶、那开阔壮观的厅堂、那狭长曲折的走廊、那惟妙惟肖的石景、那汩汩而流的山泉……或宏大、或精巧、或张扬、或内敛、或粗犷、或秀丽……任何的话语都无法精准地描述它们，那种慑人的魅力无可比拟。

也可以说，溶洞是大自然内心另一番古灵精怪般的诠释，它的雄、险、奇、幽、绝就像磁铁般勾起了我们的向往，又以无形的厚重让我们心生敬畏！这就是大自然的实力和魅力！

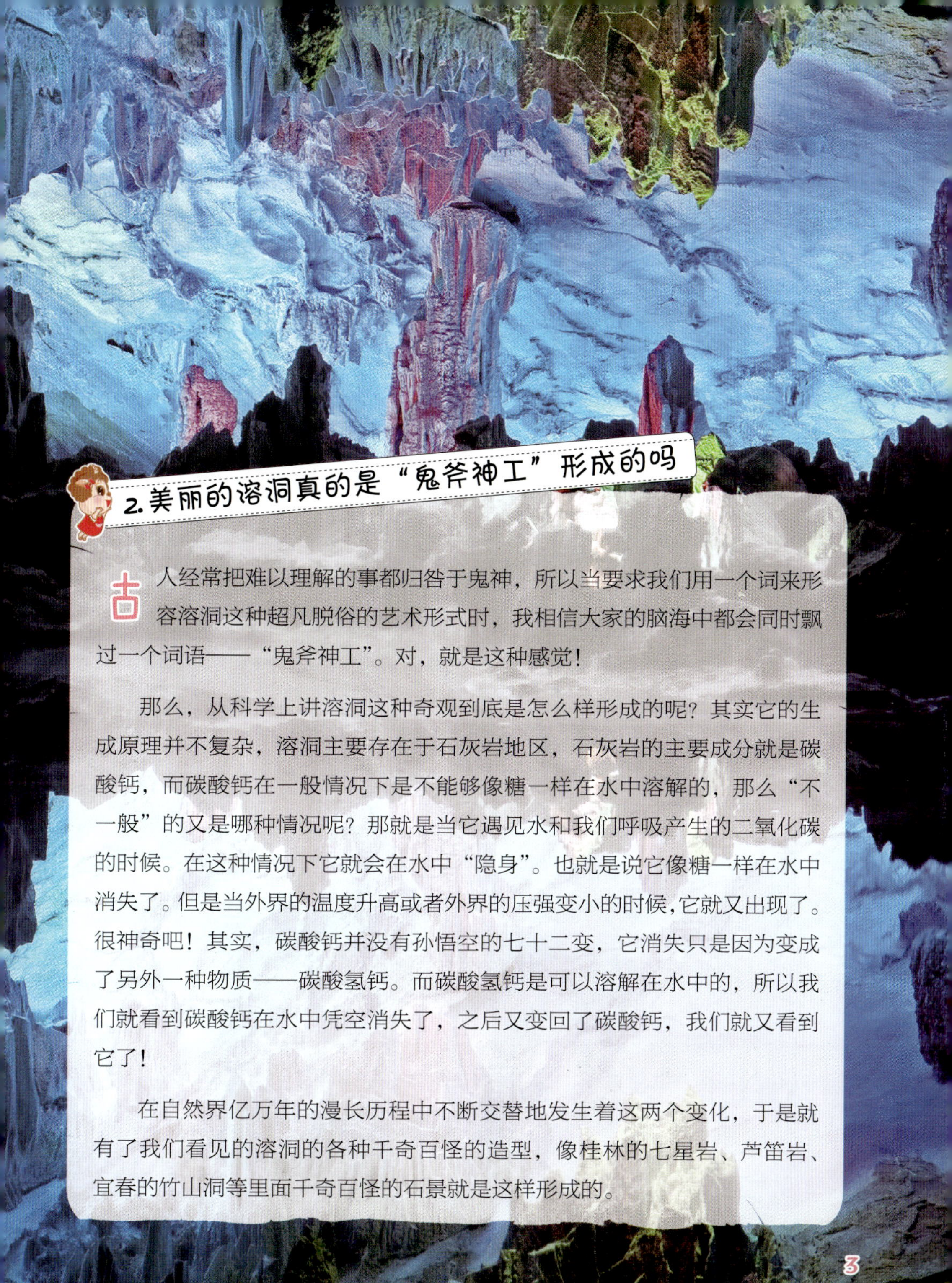

2. 美丽的溶洞真的是“鬼斧神工”形成的吗

古人经常把难以理解的事都归咎于鬼神，所以当要求我们用一个词来形容溶洞这种超凡脱俗的艺术形式时，我相信大家的脑海中都会同时飘过一个词语——“鬼斧神工”。对，就是这种感觉！

那么，从科学上讲溶洞这种奇观到底是怎么样形成的呢？其实它的生成原理并不复杂，溶洞主要存在于石灰岩地区，石灰岩的主要成分就是碳酸钙，而碳酸钙在一般情况下是不能够像糖一样在水中溶解的，那么“不一般”的又是哪种情况呢？那就是当它遇见水和我们呼吸产生的二氧化碳的时候。在这种情况下它就会在水中“隐身”。也就是说它像糖一样在水中消失了。但是当外界的温度升高或者外界的压强变小的时候，它就又出现了。很神奇吧！其实，碳酸钙并没有孙悟空的七十二变，它消失只是因为变成了另外一种物质——碳酸氢钙。而碳酸氢钙是可以溶解在水中的，所以我们就看到碳酸钙在水中凭空消失了，之后又变回了碳酸钙，我们就又看到它了！

在自然界亿万年的漫长历程中不断交替地发生着这两个变化，于是就有了我们看见的溶洞的各种千奇百怪的造型，像桂林的七星岩、芦笛岩、宜春的竹山洞等里面千奇百怪的石景就是这样形成的。

3. 溶洞的岩石是由什么组成的

溶洞的美丽在于它流线般的变化，既无处不变又神奇般地保持着浑然一体。它的奇特魅力诱使我们把所有的赞叹词都毫不吝惜地送给它，但是在赞叹之余，我们不禁会发出这样的疑问——溶洞岩石的成分和其他的岩石成分究竟有什么不同？是怎样神奇的成分使它们如此卓尔不群呢？

溶洞岩石的主要成分是碳酸盐类岩石。这种岩石的分布范围非常广，广阔到什么程度呢？中国大约八分之一的疆土都孕育着这种岩石！这是一个非常惊人的比例，那么这种岩石凭什么能造就那绚丽的溶洞奇观呢？其实，碳酸盐类岩石虽然看似普通却"身怀绝技"！它有两项特殊的技能。第一，它性质特别脆，这就导致它特别容易破裂或者产生缝隙，从而为水流造就了一条条天然的活动通道。第二，它比其他的岩石更加容易溶解在水中，这就方便水流对其塑形。如果说溶洞是一件艺术品的话，那么水流和二氧化碳就是"雕刻家"手中的"锤子"和"凿子"。碳酸盐类岩石的"不平凡"之处，就在于它能为"锤子"和"凿子"提供舒适的"工作环境"，以使它们更加方便、快捷地工作。

由此看来，溶洞的材质非常普遍而普通，但大自然有塑造神奇的能力！

4. 溶洞有多少种

世界上有很多溶洞，在科学上是怎么样把它们分门别类的呢？

其实，根据自然环境的差异和分类人的不同视角，现在已经有很多成熟的分类方法。

按照溶洞的形态来分，我们可以把溶洞分为竖洞、平洞和层洞。竖洞是由于地下水在竖直方向上冲刷而形成的溶洞，而平洞就是由于水平的地下水冲刷形成的。那么什么是层洞呢？层洞是由石灰岩地层阶段性上升和阶段性稳定造成的。当形成一层溶洞之后，地层快速上升到一个高度而稳定下来，地下水又在上面侵蚀出新的溶洞，这样就形成了层洞。

按照溶洞中的气象特征来分类，溶洞可分为暖洞、冷洞、冰洞、风洞和气洞。这个分类就更容易理解了。溶洞中四季如春，时常暖洋洋的，那就是暖洞。溶洞里面阴气森森，让人忍不住打喷嚏的，就是冷洞。溶洞中寒气逼人，冰柱到处可见的那就不用想了，肯定就是冰洞了。溶洞中风声嘶鸣、气流涌动的，就是风洞。如果看到云雾缭绕，仿佛仙境一般的溶洞，记住那可不叫“仙洞”，而是气洞！

5. 什么是喀斯特地貌

提起溶洞，我们就不得不说起跟它密切相关的喀斯特地貌！怎么形容它们的关系呢？如果说溶洞是少女那张精致的脸，那么喀斯特地貌就是这个美丽的少女。令人叹为观止的溶洞只不过是神秘的喀斯特地貌的一小部分而已！

“喀斯特”一词是岩溶地貌的英文发音。这种地貌是什么样子的呢？在地面上，尖削嶙峋的岩峰拔地而起，直指苍穹！形态各异而又使人浮想联翩的怪石满目皆是，或立、或卧、或若有所思、或拔足欲奔……像是一个突然被石化的奇异世界，又像是被精心建造的优美园林。在地面下，一个个藕断丝连的“大厅”缠绕在一起，大厅之上那悬吊的石钟乳壮丽华贵，而石幔则像无意堆放的窗帘一样随意铺张，各种惟妙惟肖的石景充斥整个眼帘——那俏丽的石笋、那绚烂的石花、那华丽的石灰华……

中国的喀斯特地貌分布广泛，种类繁多，为世界罕见。中国是世界上最早研究喀斯特地貌的国家，早在晋代时候就有相关记载。明代的《徐霞客游记》曾详尽地介绍了当时人们对喀斯特地貌的认识，为喀斯特地貌研究做出了巨大贡献。

6.喀斯特地貌也有很多种吗

令人神魂颠倒的溶洞景观仅仅是喀斯特地貌的冰山一角，那整个的喀斯特地貌又该是何等的视觉盛宴呢？而奇异独特的喀斯特景观又能不能进行分类呢？

答案是肯定的！其实，喀斯特地貌的分类按照不同的标准，它可以有很多种分类方法。下面就让我们挑几种主流的分类方法给大家介绍一下吧！

第一种方法，我们可以按照喀斯特地貌所在气候进行分类，将它分为热带喀斯特、亚热带喀斯特、温带喀斯特、寒带喀斯特和干旱区喀斯特——这是最简单也是最直观的分类方法，在此我们不再做多余的解释。第二种方法是按照喀斯特地貌露出地表的程度把它分为裸露型喀斯特、覆盖型喀斯特和埋藏型喀斯特。顾名思义，裸露型喀斯特就是指那些基础的岩石裸露在地面，而覆盖型喀斯特和埋藏型喀斯特都是被什么东西覆盖在表面而没有裸露，那么它俩又有什么区别呢？其实它们最大的区别在于它们上面的覆盖物不同，覆盖型喀斯特上面的覆盖物只能是残积的土层或者是枯枝败叶这类松散的堆积物，当上面的覆盖物不是这些东西而是坚硬的岩石或者厚土层的时候，它就只能叫作埋藏型喀斯特了！

溶洞就像是一条美丽的项链，而喀斯特地貌就像是贵妇那华丽的首饰盒，你已经学会了对“项链”的分类方法，那么现在你告诉我，对“首饰盒”的分类你了解了吗？

7. 喀斯特地貌是怎样形成的

如果说溶洞是大自然比较含蓄的表达，那么喀斯特地貌中那凸显在地表的石林则是更张扬的倾诉！“张扬”的喀斯特地貌是怎样形成的呢？其实，喀斯特地貌的形成过程还是挺曲折的！

在最初的时候，地表的水会顺着石灰岩中的缝隙和二氧化碳一起对石灰岩进行作用，恣意地勾勒着它想要的模样。经过漫长时间的“腐蚀”作用，原本平整的石灰岩会出现一条条深深的溶沟，而原先的石灰岩也会由于溶沟的分割而变成一个个独立的石柱或者石笋。然后地表水继续着它的“创作”历程！当它流到一个叫作含水层的区域时，它就不再向下流动，而是变换方向水平流动，但它的“腐蚀”性却丝毫没有减弱！于是，它像一位雕塑家找到了新的原始素材，兴奋地挥舞起了刻刀，把石灰岩“雕刻”成了一个个绚丽的溶洞！到这里喀斯特地貌的形成就结束了吗？当然没有！经过亿万年的地壳运动，原先深埋在地下的溶洞被抬出地表就形成了那令人震撼的石林景观。云南路南的石林就是这样形成的。原来的地下河突出地表后，造型会更加奇特，广西桂林的象鼻山就是一个这样的杰作。

8. 中国哪些地方有溶洞

在中国，溶洞奇观分布广泛，无论是种类还是数量都在世界上首屈一指。让我们一起去“探访”一下它们的踪迹吧！

云南、广西和贵州是我国溶洞较多的地区。在中国的梦幻之乡云南，九乡溶洞、泸西阿庐古洞、帕庄河溶洞、永善码口溶洞和文山柳井溶洞被并称为五大溶洞，这些风景奇丽的溶洞就像王冠上的明珠，与云南地上的旖旎风光交相辉映，吸引众多的游客慕名而去。广西的溶洞则主要分为三大类：旱洞型溶洞，如桂林的芦笛岩、七星岩，柳州的都乐岩，武鸣的伊岭岩，北流的勾漏洞，玉林的龙泉洞等；水洞型溶洞，如桂林冠岩、荔浦丰鱼岩、灌阳龙宫、钟山碧水岩、马山金伦洞等；考古陈列型溶洞，如桂林甑皮岩和龙隐岩，柳州白莲洞等。贵州则更多地拥有中国的溶洞之最——绥阳双河洞，长约 161.79 千米（2014 年 12 月），是全国最长的溶洞；还有水城吴家洞，深 430 米，是全国实测最深的溶洞。此外，织金洞、龙宫和观瀑洞也比较出名。

除了上述的三个省份之外，四川、湖南等地的溶洞也比较多。在游遍地上的名山大川后，你不妨进入地下，探访一下大自然另类的奇异美景吧！

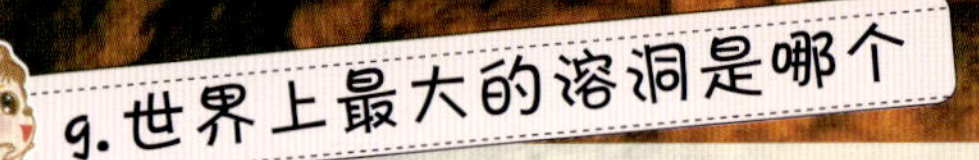

9. 世界上最大的溶洞是哪个

世界上最大的溶洞叫作猛犸洞，位于美国中部偏东的肯塔基州西南部。因为它体积庞大，所以就以远古时候的“巨无霸”动物——长毛巨象猛犸为名。那么它究竟有多大呢？

猛犸洞全长约有252千米，占地面积约有264平方千米，而且它的体积仍在扩展延伸着，也就是说它依旧在“长大”！这是令人无法想象的！研究人员在洞中发现了鹿皮鞋，并且找到一些简单的工具，还发掘到干尸遗体以及用火的痕迹，可以推断，印第安人很早就在这个洞中居住生活了。在第二次英美战争期间，这里被用于开采硝石、制作火药。战争结束以后，硝石矿场被关闭，猛犸洞被开放为公众游览的场所。

猛犸洞不仅以“大”著称，神奇而美丽的洞内景色也是它“成名”的推力之一。在这个巨大的地下世界里，甚至有湖泊和峡谷！瀑布从高高的崖顶呼啸而下，小溪从镜面般的小湖旁潺潺流过，不可思议得就像迪斯尼童话中的地下世界，缥缈得如同蓬莱那神秘的仙境……

关于猛犸洞究竟有多大的问题现在依旧是一个谜，这个难题就需要更深入的研究了，希望以后的某一天你可以在猛犸洞的档案中写下那浓墨重彩的一笔！

10. 中国最大的溶洞是什么洞

中国最大的溶洞是位于湖北省利川市的腾龙洞，洞穴长度约有59.8千米，面积约有200万平方米。腾龙洞是世界上容积总量最大的溶洞。

腾龙洞不仅以“大”著称，它最闻名于世的奇特之处就是它的水洞和旱洞仅仅一壁之隔！并且它的旱洞和水洞还都不是“等闲之辈”。水洞像金刚葫芦娃中的水娃一样，竟然一下子吸住了清江水，然后形成了23米高的瀑布，夸张地悬在那里！瀑布之下形成长约17千米的地下暗河，无声地流向黑暗之中。旱洞全长约59.8千米，不仅是亚洲最大的旱洞，而且更加奇特的是，这么大的溶洞里面居然无蛇、无蝎、无毒气！并且洞内终年温度为14 ~ 18摄氏度，简直就是天然的避暑胜地！

虽然腾龙洞的大小和名气跟世界之最相比还是有一点差距，但它仍以雄、奇、险、幽、绝的特点驰名中外！

11.溶洞里都有些什么

溶洞是大自然送给我们最贵重的礼物之一，它就像一个百宝箱，不经意间就给我们带来惊喜。下面就让我们来盘点一下这个百宝箱里都有些什么吧！

溶洞中那些极富想象力的造型带给了我们视觉冲击。溶洞中那鬼斧神工的形态是人造景观永远都无法相媲美的。

溶洞给了我们一个绝佳的避暑胜地。溶洞的冬暖夏凉对于饱受严寒酷暑煎熬的我们来说是一个无法抗拒的诱惑。此外，就是溶洞那永远都无法抹去的神秘色彩。人们都有猎奇的心态，尤其是对那些美丽的奇景更是没有抵抗力，所以溶洞探险成为越来越多的人们贴近大自然的方式。

溶洞被称为“原始博物馆”是名副其实的。在中国腾龙洞支洞发现了第四纪中更新世的哺乳动物化石，化石物种为大熊猫、东方剑齿象、苏门羚，另外，还有熊科、鹿科、牛科等动物化石，地质年代至少在20万年以前！在猛犸洞中发现了鹿皮鞋、用过的火把、简单的工具和干尸遗体，溶洞以它独特的方式保留下古人的遗迹。溶洞中可能出现的“展品”还不仅仅只有这些！在法国拉斯考克斯洞窟中发现的壁画，让我们了解了史前人类的艺术形式，而溶洞中的岩层状况则清楚地显示了史前的气候状态……

12. 所有的溶洞都是“冬暖夏凉”吗

人们都说溶洞里是避暑胜地。想想看，在夏天我们被炙热的阳光烤得汗流浃背的时候，一进溶洞口，立马就有天然的凉气扑面而来，这样一个天然“大冰箱”是不是很惹人喜爱呢?

如果说夏天的溶洞是一个天然的“大冰箱”，那么在冬天是不是就会成为一个温暖的“大火炉”呢？在湖北省五峰土家族自治县的白溢寨，有几处“冰洞”，每逢盛夏，“冰洞”都会寒气袭人，俨如严冬；可是，到了天寒地冻的酷冬，洞内竟升起腾腾热气，仿佛仙气环绕，洞口周围的鲜花和青草更是凭着这股热气而生机盎然！慕名前来“冰洞”探奇的人无不为之惊讶。

像上述冰洞这样“冬暖夏凉”的溶洞的确广泛存在，但并不是说所有的溶洞都是这样。湖北省利川市的腾龙洞就没有这种冬暖夏凉的效果，它终年温度保持在 14 ~ 18 摄氏度。而山西省宁武县海拔 2300 米处的那个溶洞则是一个“万年冰洞”。据推测，该溶洞形成于新生代第四纪冰川期，距今约两三百万年，但却一年四季都是冰雪的世界，并且冰洞越往下延伸，冰的厚度就越大，且终年不化。

一成不变从来不是大自然的风格！它总是习惯把每一种美景都做到极致，也正是这种独特的“创作风格”才让我们如此痴迷……

13. 有没有小朋友在溶洞里上学

相信很多去过溶洞中旅游的人都会由衷地感叹里面冬暖夏凉的温度，甚至发出这样的感叹——要是我们的学校能建在这里面，那我天天都按时上课，好好学习！你还别说，还真的有一所这样的学校哦！

在贵州省紫云县水塘镇，有一个普通但又奇特的洞穴——东中洞穴。说它普通是因为它和其他的溶洞没有什么不同，甚至景致还没有别的洞穴那么气派和瑰丽，它太小了，小得只有一个飞机库那样大。说它奇特是因为里面居然有一所学校！听到这里你肯定会脱口而出——那里的学生岂不是爽呆了！让我猜猜你想到了什么，你想到了溶洞中的各种美景，你还想到了溶洞中奇特的冬暖夏凉，你甚至还想到了在课间时分是不是还可以来一次短暂的洞穴探险……

其实，最初人们把学校定在这里也是无奈之举，并非为了哗众取宠。东中洞穴是在 1984 年建立学校的，刚开始的时候有 186 名学生在这里上课，虽然当时条件不是很好，但是那个洞穴仿佛就是大自然为学校设计的一样，它本身就像一个小型的建筑物，房间、运动场地和娱乐区应有尽有。

作为世界著名的洞穴学校，现在依旧有几十名学生在溶洞学校上课。所以你有机会的话可以去旁听哦，顺便还能体验一下在大自然怀抱中上课的那种独特经历呢！

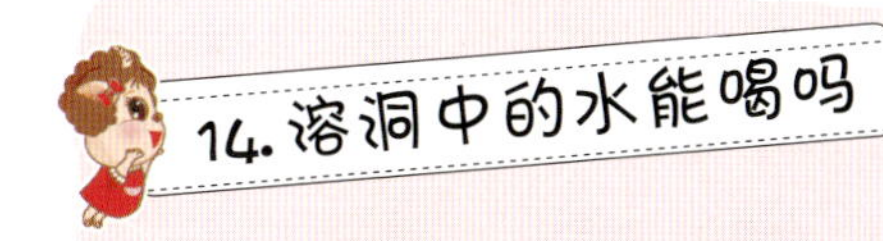

14. 溶洞中的水能喝吗

很多游览溶洞的人看着洞里堪比山泉的清澈的水，总会产生想要痛饮一番的想法。但是，溶洞中的水真的可以喝吗？

答案是否定的！

想要解释清楚溶洞中的水为什么不能喝的问题，就得先普及一下“硬水”和“软水”的知识。我们都知道水中都含有碳酸氢钙等化学物质，当水中的这些物质的含量超过一定量的时候就被称为“硬水”，而当它们的含量不超标的时候就被称为“软水”。

溶洞中的水由于环境的影响主要成分是硬水，而硬水不宜直接饮用。如果人们只是偶尔饮用，后果还不是太严重，仅仅会出现肠胃功能紊乱，即所谓的“水土不服”。但是如果长期饮用的话，则会患消化系统和泌尿系统疾病，这就比较严重了。直接饮用不行，那么烧开了用来煮东西可以吗？用硬水来烹煮食物，会破坏或降低食物的营养价值，即使用硬水泡茶也会破坏茶的色香味……那么，既然硬水不能喝，用来当工业用水可以吗？机器总不会肠胃不舒服吧？你还别说，如果把它当作工业用水的话，机器还真的也会“肠胃不适”！工业上每年因使用硬水而导致设备、管线的维修和更换，耗资巨大。

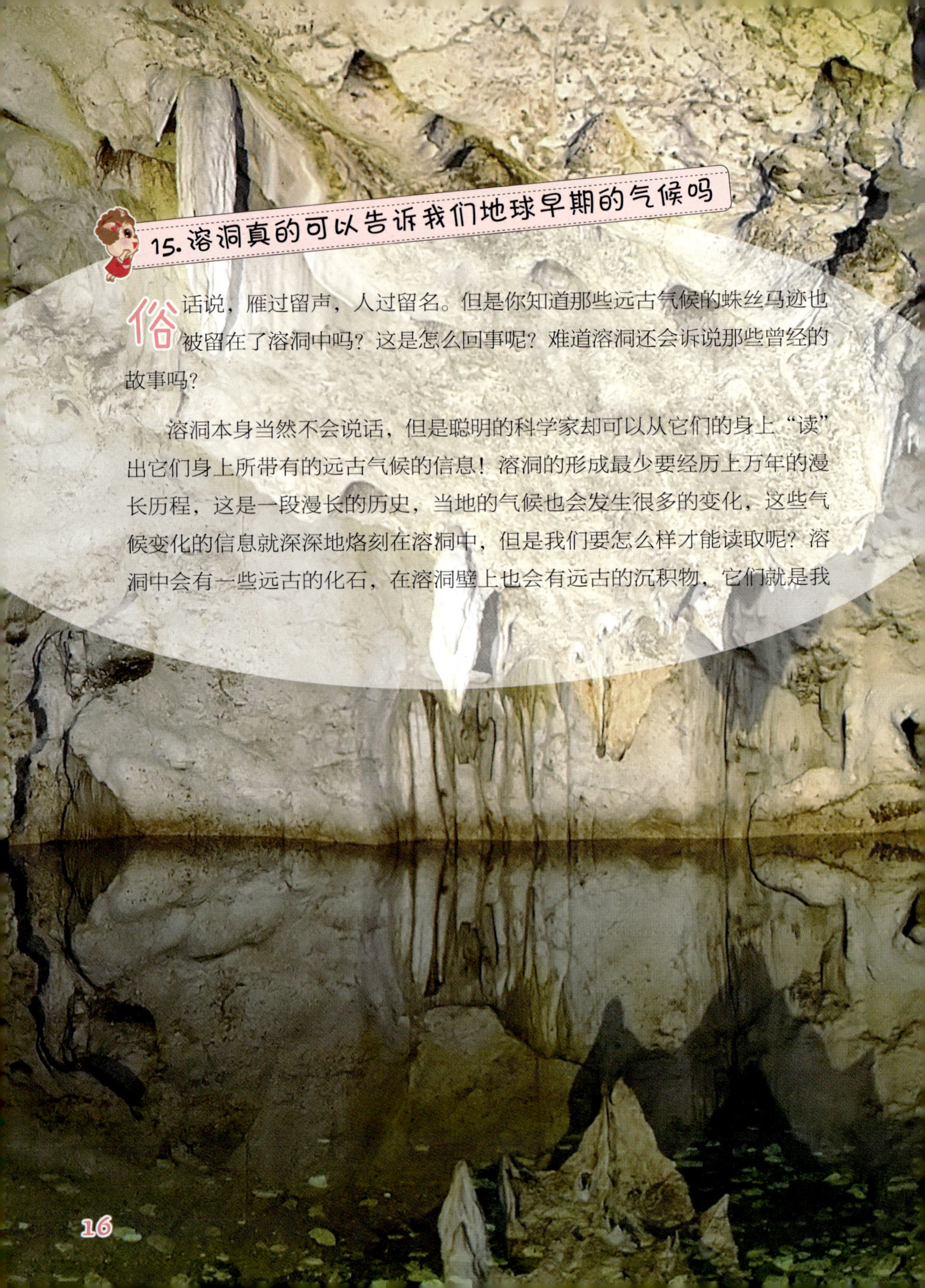

15. 溶洞真的可以告诉我们地球早期的气候吗

俗话说，雁过留声，人过留名。但是你知道那些远古气候的蛛丝马迹也被留在了溶洞中吗？这是怎么回事呢？难道溶洞还会诉说那些曾经的故事吗？

溶洞本身当然不会说话，但是聪明的科学家却可以从它们的身上“读”出它们身上所带有的远古气候的信息！溶洞的形成最少要经历上万年的漫长历程，这是一段漫长的历史，当地的气候也会发生很多的变化，这些气候变化的信息就深深地烙刻在溶洞中，但是我们要怎么样才能读取呢？溶洞中会有一些远古的化石，在溶洞壁上也会有远古的沉积物，它们就是我

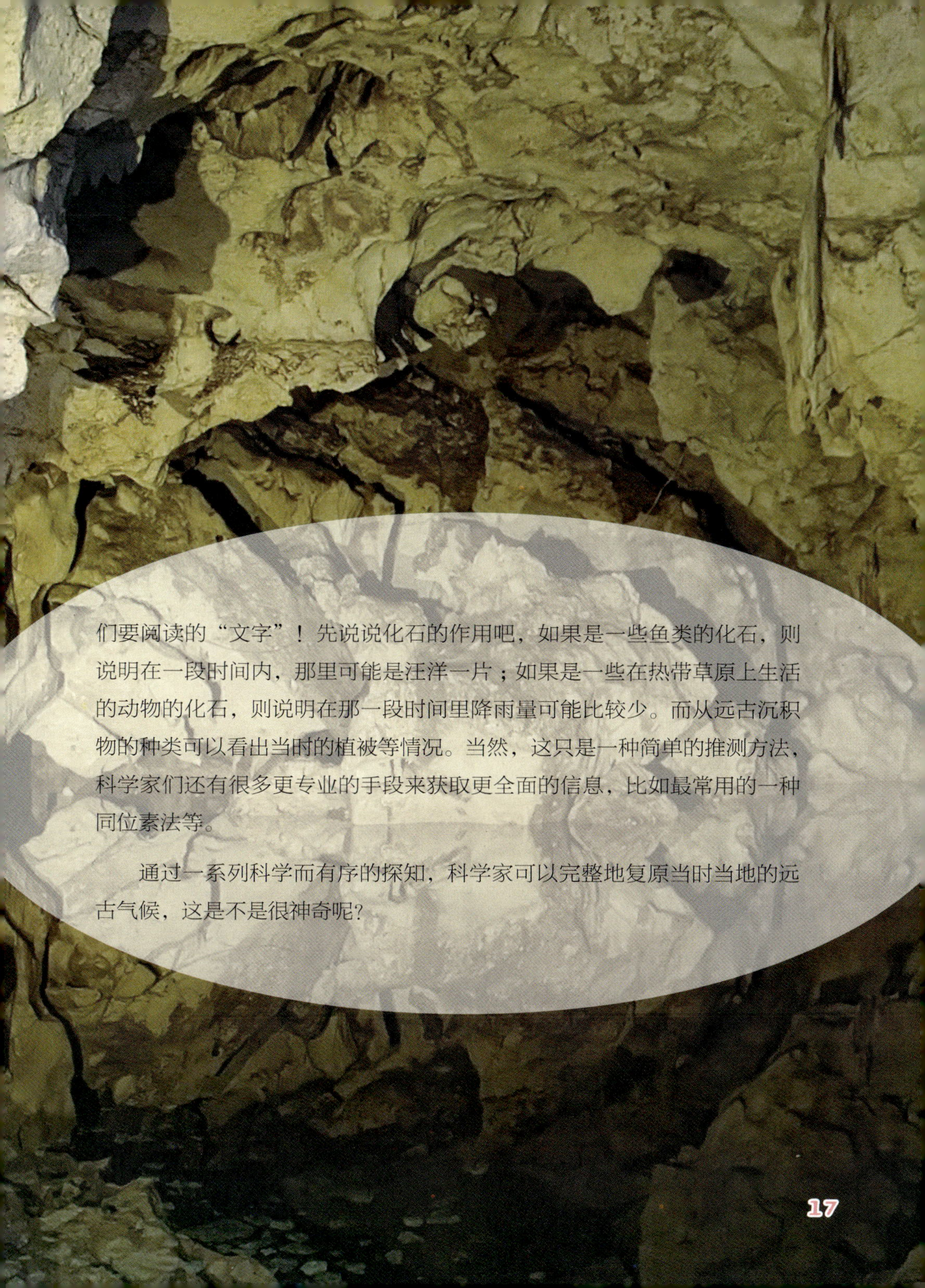

们要阅读的“文字”！先说说化石的作用吧，如果是一些鱼类的化石，则说明在一段时间内，那里可能是汪洋一片；如果是一些在热带草原上生活的动物的化石，则说明在那一段时间里降雨量可能比较少。而从远古沉积物的种类可以看出当时的植被等情况。当然，这只是一种简单的推测方法，科学家们还有很多更专业的手段来获取更全面的信息，比如最常用的一种同位素法等。

通过一系列科学而有序的探知，科学家可以完整地复原当时当地的远古气候，这是不是很神奇呢？

缥缈的烟雾在溶洞中氤氲地翻卷，像孩子般戏耍着，时而淘气地拍打着溶洞中各种惟妙惟肖的造型，时而又像被这大自然的魔力深深吸引住一般，纹丝不动……想知道这淘气的“小孩子”为何而着迷吗？想亲眼目睹大自然的想象力究竟有多么的“天马行空”吗？想知道这些稀世珍品是怎样被大自然一步步“雕琢”而成的吗？让我们一起来揭开溶洞的神秘面纱吧！

第二章

16. 以“奇”著称的溶洞石景都有哪些主要形态呢

大家肯定都见过树芽，它们有着勃勃的生机，是春天的使者之一，深得大家的喜爱。但是你听说过“石芽”吗？石芽是溶洞中比较常见的形态之一，它是指那些在溶沟间突起的石脊，分为裸露型和埋藏型两种。溶洞中的石芽有尖刀状、车轨状、棋盘状和石柱状等主要形状，它的形态和分布主要受地形和岩石的种类等因素的影响。

说了石芽就不得不说说石笋了，光听这个名字你就大概知道它的形状了,石笋是类似竹笋一样从地面慢慢向上“生长”的石景形态。它下粗上细，所以状态很稳定，最高可以达到 30 多米！

你可能会好奇：石笋是从下往上生长而成的，那么有没有一种石景形态是从上往下“生长”的呢？这个还真的有！不过它的名字可不是叫作“倒石笋”哦，它的名字叫作钟乳石。钟乳石可以说是溶洞中最常见的石景形态了。它们一个个悬挂在溶洞的顶端，像冬天里屋檐上的冰柱，使得溶洞看起来特别梦幻。

除了上述的几种形态外，还有落水洞、石灰华、泉华和石幔等。正是因为有这么多奇特的石景形态，才有了那一座座如梦如幻的溶洞宫殿！

17. 钟乳石是怎样形成的

钟乳石是溶洞中最常见的形态之一，它悬吊在溶洞中，究竟是怎样形成的呢？

其实钟乳石的形成原理非常简单。我们已经知道溶洞主要形成于石灰岩组成的山地中，而在石灰岩的洞顶总是会出现很多的裂缝。你可不要小看这一条条裂缝，正是它们的存在才孕育了那华丽的钟乳石“吊灯”哦！这是怎么回事呢？

原来在每一处缝隙中都会有包含石灰质的水滴不断地渗出来，水分蒸发后，那里就留下了一些石灰质沉淀。一滴、两滴、三滴……天长日久，终于生成一个“乳头”。这就是钟乳石最初的模样。之后，乳头外面又不断地重复着积累的过程，石灰质一层包一层，越垂越长。有的钟乳石的长度能达到好几米。

在这个过程中还有一个角色必不可少，那就是“搬运工”。说到这里，我们的地下水就要闪亮登场了！不错，地下水就是原材料的搬运工，正是由于它的“不辞辛苦”，才能源源不断地把含有石灰质的水从溶洞顶部“搬运”出来。

看出来了吧，地下水是形成钟乳石的“幕后英雄”哦！

18.怎样估算钟乳石的年龄

有一种说法：钟乳石是大自然用泪水凝结而成的，用了上千年的凝望、上千年的深情、上千年的等候和上万年的坚持，才成就了钟乳石的模样。总而言之，溶洞中的钟乳石都有一段漫长的形成历程，一道道纹理都是悠久的岁月留下的痕迹。那么怎样判断一个钟乳石的年龄呢？

由于钟乳石都是由溶洞顶端缝隙中的地下水蒸发后形成的，所以它的年龄一般都比溶洞的年龄要小得多。目前已知溶洞中最古老的钟乳石大约形成于 35 万年以前，100 万年以内它们的外表都表现出严重的风化状态。而相对比较“年轻”一点的钟乳石，年龄大概在 15 万 ~ 30 万年，它们的外表被轻微风化，但是并没有层层地脱落。但它们已经停止“生长”，它们的外表色泽一般较深，呈现出褐色或者是灰黑色。年龄在 10 万年以内的钟乳石，它们的外表色泽比较浅且光滑、坚实。年龄在 2000 ~ 20000 年的钟乳石算是年轻的“生力军”了，它们的外表会显现得更加光亮和密实。

钟乳石的增长速度一般来说还是比较稳定的，大约每 100 年可以生长 1 ~ 20 厘米，也就是说。每 1 万年才生长 1 ~ 20 米。可见，钟乳石如果想要“长”得比较壮观，得需要多少岁月啊！所以说，对它任何方式的损坏，都是无法挽回和弥补的，也是不可原谅的。

19. 石笋是怎样形成的

你了解溶洞中的“石笋”吗？你知道它们又是怎样形成的吗？

钟乳石是溶洞顶端的缝隙中流下的含石灰质的水蒸发后形成的。在钟乳石形成过程中，有一部分水还没来得及蒸发就流到了地面上。到了地面上，水分继续蒸发，同样留下了石灰质的沉淀。天长日久也积累了类似钟乳石的模样，只不过被称为石笋！石笋有个特点就是底座大，成长比较稳定，不容易折断，沉淀的石灰质也比钟乳石多，所以它的“生长”速度通常比钟乳石快。石笋的最大高度可达30米，有差不多十层楼那么高！

石笋和钟乳石还相对而“生”。往下长的钟乳石，有时候还会和往上长的石笋接在一起，连接成一个石柱。这样的柱子，两头粗，中间细，不明底细的人还认为是哪个能工巧匠凿出来的呢。但是多数的钟乳石和石笋不连在一起。有的是因为钟乳石折断了，有的是过多的石灰质改变了水滴的通路，从而在其他位置重新长出一根新的钟乳石。

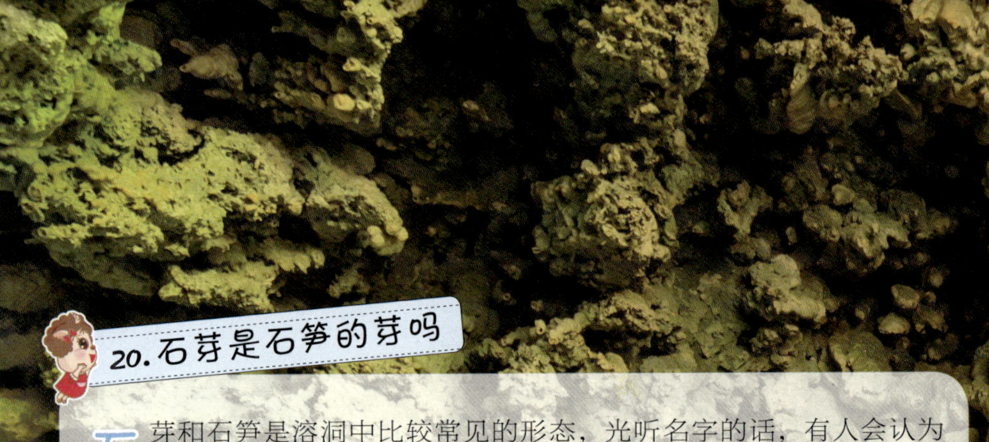

20. 石芽是石笋的芽吗

石芽和石笋是溶洞中比较常见的形态，光听名字的话，有人会认为“芽”是“笋”的芽呢。那么，它们实际上是不是一样的呢？

其实，石芽和石笋除了名字相似外真的一点都不一样。首先是形成的过程不同。石芽是指那些在溶沟间慢慢突起的石脊，是由各种复杂的自然力挤压凸起而成的。石笋却是由滴落的含有石灰质的地下水，蒸发后留下的沉淀物慢慢积累而成的。石笋的形成更像是“慢工出细活”。

它们的形状也是不同的。石芽有尖刀状、车轨状、棋盘状和石柱状等多种形态。而石笋却没有这么多变，它一般下粗上细，呈锥状体，形态略显单调。

接着要说的是它们的极限高度不同。石芽一般最高只能长到几米，但是石笋却可以达到 30 米之高！当然这也是由于它们的主要形态不同导致的，石笋有着较大而稳定的底盘。相对于石芽，它更不容易折断，所以可以“长”得更高。

最后是它们形成时的主要影响因素不同。石芽的形态和分布主要受地形和岩石的种类等因素的影响。而地下水则在石笋的形成过程中起了决定性的作用。

因此，光听名字可不能主观判断它们之间的关系。石芽可不是石笋的芽，它们之间没有直接关系。

21. 什么是泉华

在溶洞中的泉池旁，存在一种大自然的奇观——泉华。什么是泉华？

泉华是一种疏松多孔的沉积物，主要是由溶有钙或其他矿物质的地下热水和地下水蒸气在溶洞的缝隙或者地表泉池旁形成的。当地下热水流出地表的时候，由于外界环境中的压力变小、温度升高，使得水中的矿物质发生了沉淀，并且慢慢地堆积在了泉池旁，那么这种疏松多孔的结构又是怎样形成的呢？这就不得不说另外两个在泉华的形成中立下“汗马功劳”的植物了，那就是水中的藻类和苔藓。这两种特殊的植物不仅可以加快水中矿物质的沉淀，并且做出了另外一个令人“匪夷所思”的举动——把自己也“埋藏” 进了沉淀物中去。这样，经过亿万年的风化，它们的遗体逐渐消逝，疏松多孔的结构也就出现了。

说起泉华就不得不提帕姆卡拉大泉台。它位于土耳其的西南部，是世界上著名的泉华旅游胜地。这里有一处泉华，足足有 160 多米高！并且覆盖面积达到了惊人的 2 平方千米！这是多么大的规模啊！而且更加令人惊奇的是，在这 2 平方千米的泉华上到处都流淌着温泉！

22. 石灰华是古代文明遗留下来的吗

石灰是现代建筑中不可或缺的建筑材料，被广泛应用于世界各地。在溶洞中也发现了类似石灰的物质——石灰华。奇妙的石灰华究竟是大自然的又一件“作品”，还是古代文明的遗物呢？

其实，这两种说法都对。这两类石灰华在溶洞中都有发现。那么它们分别又是怎样形成的呢？我们先说古代文明遗迹产生的人工石灰华吧。古人烧石灰时，废渣部分被倒掉，时间长了就堆积起来，在堆积部位如果有地下水通过的话，泉水不断地从废石灰渣堆中流出，日积月累，慢慢地溶解掉了石灰渣中的钙，然后把剩下的东西重新堆积，经过很长时间的积累，就形成了这种多孔洞的石灰华。纯天然生成的石灰华则要靠机缘巧合了。首先需要有一大片富含碳酸钙的石灰岩地区，然后还需要有一股源源不断的泉水经过，之后的工作就要交给时间了！泉水缓慢地溶解腐蚀石灰岩中的碳酸钙，然后重新堆积，在堆积的过程中，由于水流的影响会出现很多天然的无规则孔洞。天然的石灰华也就形成了。

石灰华的奇特还不仅仅是这些！由于它天生有很多孔洞，而那些孔洞可以吸存很多的水分，并且它们的硬度小，密度低，容易雕刻，所以我们可以把它们雕刻成各种形状的假山，并且在上面种植一些绿色植物来作为盆景。此外，它还有药用的功能，没想到吧？碳酸盐类石灰华具有清热解毒的功效，现在已经被广泛应用于治疗肺热病的药剂中了。原来，石灰华全身都是宝啊！

23. 厚重而美丽的石幔是怎样形成的

落地窗帘在现代的房间装饰中广受青睐。但你知道溶洞中也有它自己设计的“落地窗帘”吗？它们就是石幔！

石幔因它的外形极像布幔而得名，又被称为石帘或石帷幕。这漂亮的“落地窗帘”是怎样形成的呢？其实，石幔的形成过程和钟乳石的形成有很多的相似之处，只不过石幔堆积的位置不同。溶洞顶部缝隙的地下水不断地流下，其中一部分沿着顶部滑到了溶洞壁上，然后顺流而下，在向下流的过程中同样在不停蒸发，于是一部分石灰质便像是“挂”在了溶洞壁上，并且逐渐硬化。后面的水流紧接着从这刚硬化的石灰质上流过，又会有一层石灰质被沉淀下来，就这样一层层堆积，一日日积累，厚重而美丽的“落地窗帘”便悬挂在了溶洞的四壁上！

远远看去，石幔就像是一层层“刷”出来的一样。

24. 绚丽多姿的石花有生命吗

在溶洞的岩壁上，层层叠叠的石花仿佛竞相开放，有的精致如白梨花，有的绽放如黄菊，有的润透如百合。石花“开”不大，小的直径不过2～3厘米，大的不到10厘米，不但不会凋谢，而且还在缓慢地生长着。这些让人感到惊艳而又长存于世的石花，看起来真像是有生命的。

石花是一种非常罕见的溶洞形态，由于它的形成条件十分苛刻，所以在全球范围内只出现在极少数的溶洞里。那么，这娇贵的石花究竟是怎样形成的呢？让我们来想象一下吧。在远古的某个时刻，由于环境的变化，在溶洞壁或者钟乳石的末端慢慢地渗出了含有碳酸钙的液滴。这种液滴由于特殊的环境影响在未落下前便蒸发了，留下了它里面的石灰质随意地斜插在溶洞壁上。就这样形成了石花的花瓣，之后循环往复，越来越多的石花花瓣出现，便形成前面介绍的那种令人惊艳的石花了。至于石花的颜色各异，则主要是由于其中所包含的不同成分造成的。它奇特的形成过程早就注定了它的稀有，也注定要比别的溶洞形态形成花费更多的时间。要形成1厘米的石花，往往需要几百年的漫长等待，而成型的石花则可能要用数万年的时间来“雕琢”……

所以下次当你看见那绚丽的石花的时候，细细地欣赏吧，欣赏那漫漫的岁月的痕迹，欣赏大自然上万年的锲而不舍，到时候不要吝惜你的赞美哦！

25. 最大的人居漏斗有多大呢

漏斗是一种比较常见的喀斯特地表形态。在一般情况下，漏斗的尺寸不会特别大，但是中国却有一个漏斗奇葩，它大得居然容下了整个村子！

在四川省雅安市芦山县龙门乡，有一个神秘的迷宫——洞穴，洞口处常向外喷涌着寒冷的雾气。洞内的系统十分复杂，据说还经常会发生失踪事故。这样一个神秘的存在立刻吸引了众多专业的探险家蜂拥而至。他们在经历三天的艰苦探索后，终于走通了那个溶洞。当他们走出来，却发现已经进入了一个仿若世外桃源的村子——围塔村。在这里，探险家们进行了短暂的休整，休整中发现自己处在一个巨大的天然漏斗里面！而这个漏斗居然可以容得下面前的这整个村子！芦山县曾是茶马古道上的重镇，为了方便交易，明朝在现在的围塔村地址上设立了太平城。但是，令人费解的是，太平古城只存在了很短的时间就被废弃了，这又是什么原因呢？在经过考证之后他们发现，由于水流的冲刷和侵蚀，围塔村的地下早已被掏空，形成了像蜂窝一样的形状，这样的结构导致其非常容易坍塌。而古人可能也意识到了这一点，于是就逐渐废弃了这座古城。

在不经意间，世界上最大的人居漏斗被发现了。

26.落水洞何以成为暗河的标志呢

暗河一直是一种神秘的存在，我们经常难觅其踪。然而有一种东西却像标签一样成为暗河存在的标志，那就是落水洞。那么什么是落水洞？它又是怎么成为地下暗河的标志呢？

落水洞是地表水流入地下的进口，也是地上和地下溶洞的天然“走廊”，它是地表和地下的岩溶地貌的过渡类型，主要形成于地下水在垂直方向上循环比较流畅的地区。那么它具体是怎样形成的呢？在最初的时候，主要是地表水在垂直方向上的溶蚀作用把密实的石灰岩撕了一个“口子”，然后由于这片区域地下水在垂直方向上循环十分频繁，地表大量的流水顺着这条“口子”冲向了地下，流向了地下河。这大量的流水中夹杂了大量的泥土和沙砾，泥沙俱下，对之前的小洞口进行了猛烈的冲击，迫使它迅速扩大。有时，洪水的泛滥也会引起小洞口上部的岩体整体坍塌，这样也会引起小洞口在短时间内扩大数倍甚至几十倍！所以说落水洞口的大小跟当地水流量的大小有着直接的关系。而由于落水洞的水全都流向了地下暗河，所以它也就成了地下暗河存在的标志。

由于落水洞有着巨大的“肚子”，所以在当地的抗洪中立下了汗马功劳，但是它也有很多危害。由于落水洞一般处于低位，当雨水咆哮着冲向这里时也带走了那肥沃的土壤，导致了极其严重的水土流失。如果落水洞口植物茂密，人们经过时稍不注意就可能跌落，从而威胁生命安全。

“毁誉参半”被用来形容落水洞再合适不过了，但这依旧无法阻挡游客对它的青睐。

27. 有没有显露在地表的溶洞

有显露在地表的溶洞吗？看见这个问题，相信你会笑，溶洞是地下水的溶蚀作用形成的，如果显露在地表，拿什么去溶蚀它呢？难不成还得地下水自己喷出来吗？其实，显露在地表的溶洞是存在的，但它们并不是刚才所说的地下水喷出来冲刷形成的，并且它们有一个美丽的名字——神女镜。那么，它们究竟是怎样形成的呢？

神女镜广泛地分布在我国广西等地区。其实，这种现象的形成原理很简单。溶洞经过亿万年的“雕琢”，成型后整体受到了强烈的地壳运动，然后被强大的地壳运动力抬升到了地表以上，就形成了神女镜。并且地下水的溶蚀作用并没有因此终止，而是依旧在溶洞和地下河默默地继续进行着……溶洞被抬出地表后，就形成了石林地貌。石林特指连片出现的石柱群，远望如树林，因而得名。像中国著名的云南路南石林就是典型的例子。石林地貌造型优美，具有很高的审美价值。而原先的地下河道被抬出地表后，河水因渗漏或者因地壳抬升而通过落水洞转入地下，也就变成了干谷。像桂林的象鼻山，就是地下河道冲出地表形成的。

大自然无奇不有，还有很多奥妙等着我们去发现！

28. 溶洞的“生物建造说”主要有什么内容

有学者提出溶洞是由长期而复杂的化学变化形成的“自然形成论”，但并没有得到普遍认同。有研究人员提出溶洞“生物建造说”来反驳。这种学说怎么理解呢？

要解释清楚这个学说，我们首先需要重温一下溶洞的一些突出的特点。溶洞中的石钟乳等都有明显的趋光性，它们或笔直、或弯曲，但无论怎样永远都是在朝着有光的方向生长！很神奇吧？很显然，我们利用传统的“自然形成论”很难解释这个奇异的特点。

那么“生物建造说”如何解释这个问题呢？我们不得不提到一位地球上的生物“元老”——藻类！众所周知，藻类是地球上最早出现的原始生物之一，并且自始至终都在全球范围内保持着相当可观的“领地”。那么藻类和溶洞的形成有什么关系呢？藻类自然具有趋光性，除此之外，还有一项特殊的“本领”，那就是它们会穷极一生去分泌钙质，并且不断地收集岩石、土壤中的碳酸盐质颗粒，而这些物质都是溶洞在形成过程中的必要物质。单个藻类分泌的钙质和收集的碳酸盐类颗粒是比较少的，但是别忘了，藻类是营群居性生活的，并且它们一代复一代在同一片区域繁衍，天长日久，逐渐就蔚为大观了。现在，你明白“生物建造说”的基本原理了吧。

没错！在“生物建造说”中，藻类就是溶洞的设计和建造者，它们用“老蚌生珠”的超强毅力为我们造就了那一座座瑰丽的自然宝藏！至于“自然形成论”和“生物建造说”哪个更加具有可信度，科学界至今没有定论，双方都有证明自己观点正确的有力证据，但很显然那些证据还没有“有力”到能完全让对方信服。

29. 怎样在实验室模拟形成溶洞的各种形态呢

看到溶洞中的各种绚丽奇特的景象，相信你在暗暗感叹的同时也早已跃跃欲试——我们自己可不可以模拟一下这个过程呢？答案是肯定的！

其实，我们在掌握溶洞的形成原理后，只要有相应的原材料，就可以用多种方法来模拟溶洞的形成过程。在这里我们只讲解一种实验时间短、步骤简单的方法，你会看得有一点点吃力，但是相信大家在学过初中知识后就可以很轻松地掌握了！

首先，我们来介绍一下实验的角色，它们分别是磷酸三钠、三氯化铁、氯化铜、胆矾、明矾、硫酸镁和蒸馏水。其中，磷酸三钠是我们今天的主角，它有一项特殊的技能。5% 的磷酸三钠能与上述的三氯化铁和氯化铜等物质生成另外一种不溶于水的物质，也就是说，如果我们把三氯化铁和氯化铜等物质放在 5% 的磷酸三钠溶液的顶端，那么生成的不溶于水的物质就会在重力的作用下慢慢向下“生长”了……

接下来，就让我们开始实验吧！首先要把预先配制好的 5% 的磷酸三钠溶液倒入标本瓶内，静置备用。然后把固定有晶体的支架轻轻放在标本瓶的液面上方，最后我们就耐心等待吧。不用多久，五颜六色的溶洞形态就出现在瓶中了！

这个实验用的原料和用具在普通的实验室中都可以找到，在课余时间你可以在老师的指导下，把它当作一个趣味实验来实践一下。

草长莺飞，燕语呢喃，鹰击长空，鱼映潭底……生命总是给我们以莫名的感动，不经意间撩拨着我们的心弦。是生命唤醒了大自然曾经沉睡的内心，也是生命赋予了大自然勃勃的生机。在生命的创造上，大自然从不吝惜它的无所不能，那么作为大自然宠儿的溶洞，我们这位“大魔术师”又为它谱写了怎样的生命乐章呢？让我们拭目以待吧！

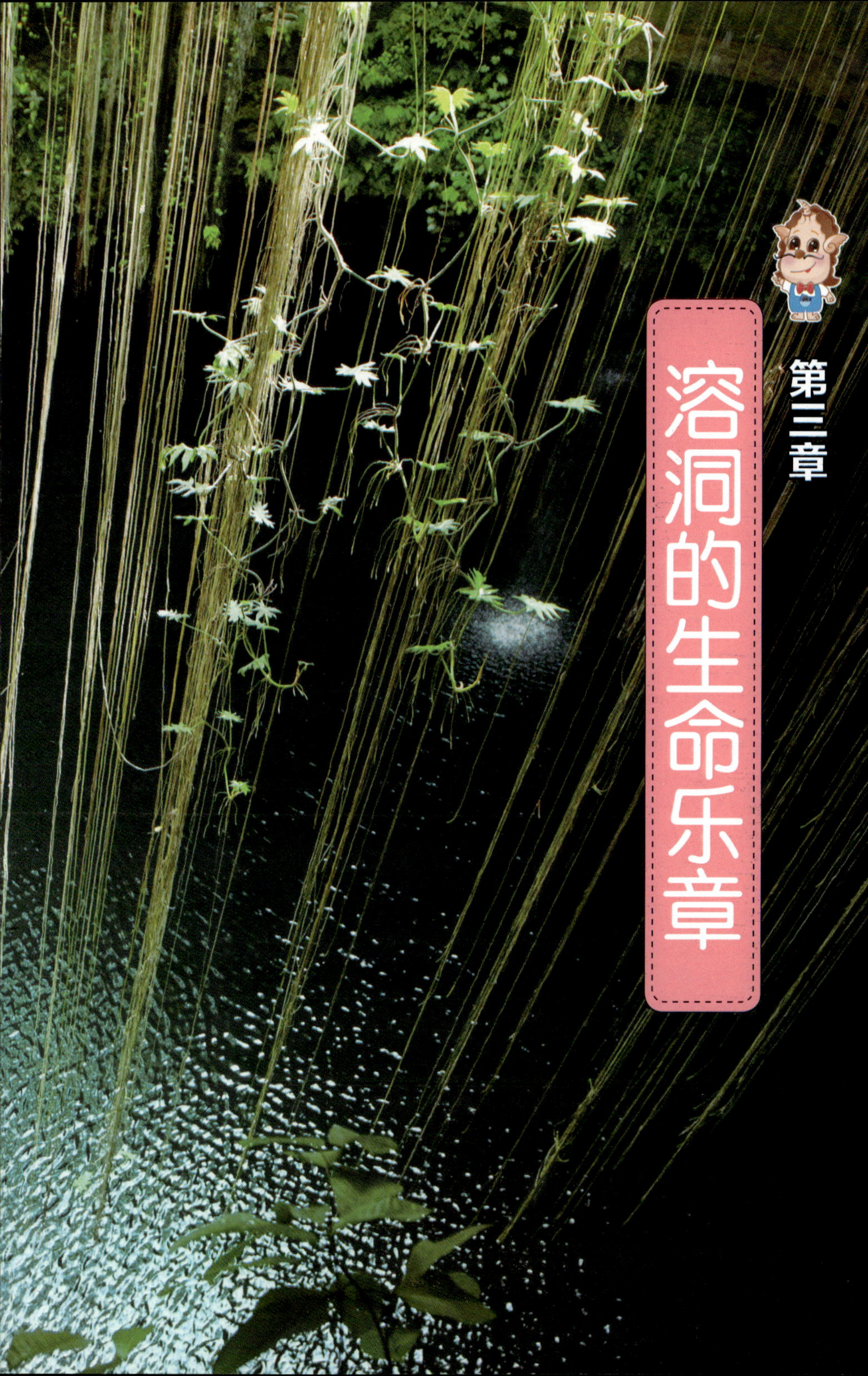

第三章 溶洞的生命乐章

30 溶洞中存在生命吗

黑魆魆的洞穴，冰冷的溶洞形态，潺潺而流的地下河道……看似死寂的一片，这里会是生命的禁区吗？还是依旧点燃着别样的生命之光……其实，在我们看不见的黑暗深处，生命依旧在延续着，并且它们的种类和数目并不在少数，只不过相较于洞外的生物，它们是更加奇特的存在。下面我们简要介绍一下溶洞中的动物、植物、微生物的情况。

首先是动物，溶洞中的动物其实和洞外的动物还是有很大区别的，首先就是由于洞内长期黑暗环境的自然选择，洞中的动物的眼睛已经逐渐退化，就像长期不用的家具一样，眼睛的功能在永久黑暗的环境里被抛弃了。然而，它们也学会了一些其他的特殊技能，溶洞中的萤火虫居然学会了像蜘蛛一样织网捕猎！这让第一次发现它们的探险家惊诧不已，后来又陆陆续续发现了那脚下长吸盘的青蛙、那不会飞的大蟋蟀、那没有眼睛的蝾螈、那透明的小鱼……令人不得不感叹，生命总是能给我们不一样的惊喜！

接下来我们说说溶洞中的植物。由于没有光，溶洞中的植物相比较而言比较匮乏，主要是一些苔藓类植物。而微生物在溶洞中就是一个大家族了，由于溶洞中温热潮湿的环境正好是微生物最喜爱的生存环境，所以微生物在这里得到了较好的生长。

看来黑暗的洞穴依旧不是生命的禁区，环境的恶劣只会促生更加顽强的生命体存在，这就是生命最质朴也最撩人的魅力！

31. 早期人类曾居住在洞穴里吗

在那没有钢筋没有水泥没有混凝土的岁月里，人类的祖先会居住在哪里呢？他们是自己搭一个简易的窝棚，还是直接住进洞穴里呢？

实际上，洞穴一直以来都是所有原始人类的主要居住场所！为什么人类的祖先会选择洞穴来作为自己的容身之所呢？这里面有人类祖先自己的考虑。

首先是生活条件所迫。在那些寒风凛冽的日子里，温暖的火堆是抗寒不可或缺的，并且一旦火堆熄灭，要想再重新点燃在那些岁月里是十分困难的，所以他们需要洞穴这样一个能够遮风挡雨的地方来对抗恶劣的环境。

其次是因为原始人类在大自然中扮演的角色而导致的。虽然原始人类在很多的科幻电影中都被描绘成是捕捉巨大的猛犸、熊和狮子的传奇猎人，但是实际上在很多时候，原始人类充当的是猎物的角色而不是猎人，洞穴就有了另一个很重要的作用——隐藏自己的行踪以避免被凶猛的肉食动物发现。

最后就是原始人类的群居生活要求必须有一个相对稳定的地盘来发展自己的种群，而洞穴恰恰可以提供这点。想象一下，在那远古的傍晚，为食物奔忙一天的男人背着或多或少的猎物返回洞穴，小孩在来回地收集干草以保证火堆的持续燃烧，妇女则在火堆旁就着火光用骨针做着又一件兽皮衣裳，是不是别有一番温情呢？

可以说，是洞穴延续了人类的进化之光，也是洞穴保留了远古人类的丝丝温情。

32. 溶洞中的动物有什么怪异之处

看似死寂的溶洞中却到处充斥着勃勃生机，黑暗背后究竟有哪些奇异动物的身影呢？

首先我们要介绍的是溶洞中的霸主——蝙蝠。相信你对蝙蝠并不陌生，但在这里我们要把它们和人们印象中那些既乖巧可爱又会吃蚊子的动物相区别开，因为溶洞中的蝙蝠不但不可爱，并且还透着丝丝的恐怖。为什么这么说呢？你想象一下，每日的傍晚上百万只的蝙蝠像一团黑云从洞中倾巢而出外出觅食，次日清晨又风卷残云般结伴而归，白天则一个挨一个地倒悬在溶洞顶部，灯光所及，全都是亮晶晶的眼睛……

其实，溶洞中的动物大都是在冰川世纪、动物迁徙或是地质变化时期，其中的一部分地表生物为了躲避恶劣的环境或是阴差阳错地随着水流进入到洞穴之中，而后便在洞穴中繁衍生息。现在洞穴生物的祖先都是发源于地表生物，只是在适应洞穴环境的过程中，这些生物逐步进化，变成了现在的形态。研究人员在溶洞中发现过蝾螈、鱼类、蝙蝠、青蛙、蛇、萤火虫等，还有一些不常见的无脊椎动物。这些已经适应溶洞中无光、潮湿和比较恒定的气温等环境的动物，有几个共同的特点：盲眼，或视力极差；没有或失去了调节体温的能力；由于缺少食物，代谢缓慢；嗅觉、触觉器官特别发达。

洞穴中的蝙蝠

33. 为什么溶洞中的动物会“害羞”

参加过洞穴探险的科学家经常会发现这样一个奇怪的现象，即溶洞中的动物会本能地躲避光亮和人类，好像十分“害羞”一样，这是怎么回事呢？

其实，认为它们“害羞”只不过是我们的想象，它们真正表现出来的其实是害怕和不适应。

首先是不适应灯光。我们知道未开发的溶洞里漆黑一片，而探险家在洞穴中前进的时候必然会使用照明设备，长期不见光的穴居动物对灯光有强烈的不适应感，会本能地躲避，而这躲避的动作则被探险家看成是“害羞”的表现。

其次是因为溶洞中动物种类虽然很多，但是大多数溶洞中却没有像人类这样体型庞大的“怪物”，也是出于保护自身的本能使得它们选择逃离人类的活动范围。

长期黑暗的环境不仅造就了洞穴动物“害羞”的特点，还迫使它们把自身的触觉器官磨砺得越来越灵敏，长长的触须就像是带有探照灯的眼睛，源源不断地把周围的环境信息传达给大脑或中枢神经系统，它们以此来躲避敌害或者捕获猎物。洞中的动物种类相比较洞外而言是比较少的，这就导致洞穴中的食物链变得复杂而多样，它们什么东西都吃，洞穴中动物的凶猛程度可见一斑。

其实动物本身是没有那么多的感情色彩的，好多用来形容它们的词语都只是我们的一厢情愿。只有立足于科学，我们才能真正地了解它们的习性。

34. 溶洞中有些什么样的植物

常年漆黑一片的溶洞中居然生长有植物！你能相信吗？

大家都知道，植物相比较动物而言更需要阳光的滋润，因为它们的生长和繁殖都需要借助阳光进行光合作用来提供能量，那么处于长期黑暗的洞穴，植物又是怎样克服这个困难的呢？其实，相比洞穴中动物种类的繁荣，洞穴中植物的种类要稀少得多。而洞穴中潮湿、长期黑暗、恒温的特点也逼迫植物必须改变本身的形态和组织的结构，并且洞穴中植物并没有办法适应完全没有光亮的洞穴深处，所以它们主要都分布在洞口。随着由外而内光线越来越弱，植物的种类越来越少。

洞穴中的植物主要是一些喜欢湿润环境的高等植物和孢子植物以及一些低等的单细胞植物，还有一些珍稀的被子植物。比如羊齿植物就属于高等植物，而地衣和苔藓则属于低等的单细胞植物。那么它们又是怎样出现的呢？其实，最早主要是通过水、风、重力或者动物把种子从外面带入洞穴。这些植物本身含有叶绿素哦！也就是说，它们依旧可以进行微弱的光合作用，所以它们和洞穴外的植物种群并没有本质的区别。

因为艰难所以珍贵，因为顽强所以感动。生命总是能用最坚韧的一面勇敢地面对极端的环境，这是值得我们尊重和学习的。

35. 洞穴动物怎样适应溶洞中的黑暗环境

走过夜路的人都应该了解黑暗环境所带给我们的恐惧和不安，然而在溶洞深处，漆黑一片，众多的洞穴动物是怎样克服这个困难的呢？难道它们有“夜视镜”一般的眼睛吗？

其实不是的，它们不但没有“夜视镜”一样的眼睛，而且由于长期黑暗环境的影响，它们基本看不见什么东西，那它们又是靠什么生存的呢？其实，长期生活在溶洞深处中的大部分动物都不是靠眼睛来观察四周的，而是靠其他的感官。就像从小眼盲的人听觉特别灵敏一样，洞穴动物都有自己独特的探知周围环境的手段。

让我们一起看看它们各自的“绝技”吧！你知道洞穴鱼是怎样捕猎和躲避敌害的吗？洞穴鱼的眼睛大都已严重退化，但是它们的嗅觉特别敏锐，能够很容易就探知到水中细微的气味，并且它们的触觉也异常敏锐，能轻松地察觉天敌的接近，然后迅速逃离。也正是因为有了这两个看家本领，洞穴鱼才能在溶洞深处生生不息地繁衍。

洞穴蟋蟀算是洞穴中最常见的动物了，那它们又是靠什么来躲避敌害呢？它们的预警范围远没有洞穴鱼的大，它们靠不断抽动的触须来探知周围的环境，但也足够生存了。

其实，每一种洞穴动物都是经过时间挑选的身怀绝技的求生能手，都有自己独特的技能。溶洞中的这些动物虽失去了某些功能，却又强化了其他功能，得以度过了那无数个黑暗的日日夜夜……

36. 蝾螈就是人们常说的娃娃鱼吗

蝾螈是溶洞中比较特殊的动物之一，但往往提起蝾螈大家就会立马联想到另一个名字——娃娃鱼。这两种在我们的记忆中一直被当成同一种动物，那么它们是不是就是一样的呢？其实不是的！

蝾螈和娃娃鱼都属于两栖纲滑体亚纲有尾目。但是蝾螈属于蝾螈亚目，指间无蹼。蝾螈在全球范围内大约有 400 多种，分布极为广泛。虽说是两栖动物，但是绝大多数的蝾螈却并不能长期离开水源，在一般情况下，多栖息在淡水和沼泽地区，并且靠皮肤来不断地吸收水分。蝾螈是一种体型普遍较小的动物，形似蜥蜴，平均体长通常只有 10 ~ 15 厘米。既然有“普遍”，那么当然就有“例外”，蝾螈当中也有少数的“鹤立鸡群”者，尤其是以中国大蝾螈体型最大，它们的体长可以达到 150 厘米，是地球上体型最大的蝾螈。有水的溶洞是一种绝佳的潮湿环境，自然是蝾螈们适宜的栖息场所，而它们在长期的穴居生活中逐渐形成了与洞外蝾螈截然不同的形貌。

娃娃鱼又称大鲵，属于有尾目隐鳃鲵亚目，趾间有蹼。同常见的蝾螈相比，它们要珍贵得多。娃娃鱼是世界范围内体型最大也是最珍贵的两栖动物！在中国，娃娃鱼是国家二级保护动物。它们一般体长可以达到 60 ~ 70 厘米，而最大可以达到 180 厘米，整体要比蝾螈大上一号。娃娃鱼在两栖动物中还有一项殊荣：它们是两栖动物中寿命最长的，有的娃娃鱼可以生存一百多岁。

以后你还会认为蝾螈和娃娃鱼是同一种动物吗？

蝾螈

娃娃鱼

37. 盲螈有什么奇特之处吗

大千世界无奇不有，长相奇特的生物更是不胜枚举，但如若论“奇”排辈的话，盲螈应该占有一席之地。为什么这么说呢？

盲眼动物在世界范围内并不鲜见，如柬埔寨发现了盲眼蜥蜴，澳大利亚深海中发现了盲眼龙虾，亚马孙河中发现了盲眼鲶鱼，当然，还有盲螈！

盲螈是生物进化史上的一个极端个案。它们主要生活在完全无光或者是光线极其微弱的环境中，从数量上来说也十分罕见！得克萨斯州盲螈更是盲螈中的“异类”，堪称是极端生物中的极端情况，迄今为止，仅在美国得克萨斯州的圣玛尔科斯池塘被发现过，但一经发现便震惊了世人！得克萨斯州盲螈是两栖动物，可以完全生活在陆地，但却“固执”地坚持在水中产卵！其体长不过 13 厘米，它以另一种盲眼动物——盲虾为食。

洞螈是盲螈的另一个分种，它们最早被发现于 1768 年，体型比得克萨斯州盲螈稍大，普遍可以达到 20 ~ 30 厘米。洞螈之所以享有盛名，除了自身的奇特之外，还有一个原因就是整个斯洛文尼亚对它的莫名推崇，甚至连该国的硬币上都曾出现过这种奇异生物的形象，其招人喜爱之处可见一斑！

在众多生物中，盲螈就像是一个完全退隐的高人，远离尘世，但甫一露面便引来如潮的惊叹……

38. 还有哪些怪异的盲眼动物

在黑暗的溶洞中，顽强地存在着这样一些奇异的动物，它们没有眼睛或视力微弱，却能够对周围的环境了如指掌……除了前面介绍过的几种盲眼生物外，你想知道还有什么生物吗？快跟我一起去看看吧！

首先我们要介绍的是马达加斯加盲蛇，这是一种生活在马达加斯加岛上洞穴里的十分可爱的蛇类。为什么会用可爱来形容这种蛇呢？因为它不仅体型娇小，粗细只有一根铅笔那么细，身长也只有 25 厘米，并且通身白腻，同时它们还是罕见的专吃昆虫的蛇类哦！是不是很惹人喜爱呢？但是遗憾的是这种蛇类迄今为止，只被发现过两次。

肯塔基盲虾是一种比较珍稀的洞穴动物。它们现在生活在世界上最大的溶洞——猛犸洞和该洞下的地下洞穴中。这种虾不仅盲眼，并且通身透明。它们现在已经成功地适应了洞穴中漆黑无光的极端环境。不过由于受到地下水污染的影响，它们的生存现状并不乐观。

盲眼穴居蟹也是盲眼动物，和许多的穴居动物一样，它们主要生活在全球各地的漆黑恐怖的水下溶洞中。由于受环境的影响，它们也进化出了一些适应性的身体形态，比如盲眼和褪色。褪色虽然使得它的外表白皙了很多，却也使得它的外观更加阴森可怕。

除了这三种盲眼动物外，溶洞中还有很多奇特的盲眼动物，如盲鱼、盲蜘蛛……是环境造就了它们奇特的外观，也正是由于它们的存在才使得漆黑的洞穴有了生命之光！

盲蛇

39. 为什么说蝙蝠是溶洞中的“霸主”

老虎是丛林之王，狮子是草原之主，那么在漆黑的溶洞中，究竟有没有一种像它们一样“称霸”的动物呢？答案就是蝙蝠！你肯定会好奇，为什么看似柔弱的蝙蝠会成为溶洞中的霸主呢？

我们要先了解一下溶洞中动物的关系。自然界中各种生物通过吃与被吃的关系被紧密地联系在一起，组成一条有序的链条，我们称之为食物链，就像我们吃牛肉，牛吃草，我们和牛还有草就组成了一条食物链。在洞穴环境中，动物种类稀少，食物链也就很简单。微生物和一些菌类是食物链的最底层，它们是食物链的第一级，也就是说，其他动物所获取的能量都是直接或间接从它们身上得来的，而它们则主要靠分解地下水中漂流的动植物遗体和其他动物的粪便为生。比它们高级一点的是洞穴中的蜈蚣、马陆和一些小昆虫，它们组成了食物链的第二级。比这些生物高级一点的就是蟑螂和蟋蟀这些比较“凶悍”的昆虫以及水中的盲鱼等，它们可以食用上一级的蜈蚣和马陆，组成了食物链的第三级。最后要出场的就是溶洞中的霸主了，它们就是蝙蝠和盲螈，它们位于食物链的最顶端，几乎没有天敌，但是盲螈数量比较稀少，所以蝙蝠就成为当之无愧的“一洞之主”了！

“山中无老虎，猴子称大王！”蝙蝠就是在这样的情况下才理直气壮地坐稳了“洞中霸主”的位子。

40. 溶洞中的鱼全都没有眼睛吗

它们都是一些奇鱼，不仅长相奇特，而且只生活在黑暗、幽静的地下溶洞中！那么这些洞穴鱼都有哪些奇特之处呢？

眼睛缩小甚至消失，身体无颜色甚至半透明，鲜活的内脏隐约可见，鳞片较小，这些就是洞穴鱼的普遍特征。世界上对洞穴鱼的最早的记录出现在 1842 年，中国则在 1976 年才首次在云南建水发现洞穴鱼。经过这么多年的考察，在中国发现的洞穴鱼种类也仅仅有 21 种，更加奇特的是洞穴鱼仿佛有强烈的领地观念！一个溶洞中只会有一种洞穴鱼，至今未发现一种洞穴鱼跨省分布的情况！

那么洞穴鱼在食物匮乏的溶洞深处靠吃什么食物维持生存呢？洞穴鱼主要食用洞内蝙蝠的尸体、蝙蝠的粪便和蝙蝠从洞外带来的有机物。由于食物稀少,所以洞穴鱼的数量并不会太多,个头也比较小,大的也只有 8 ~ 10 厘米。

不但视力的退化给它们带来了一定的不便，而且很多洞穴鱼的听力系统也随着视力的退化而退化了！也就是说，大部分的洞穴鱼都是又聋又瞎，这样的生物怎么生存呢？原来虽然丧失了大部分的听力和视力，洞穴鱼的触觉却相当灵敏，它们能通过触觉感知到水中的细微抖动，由此来探知周围的情况。

洞穴鱼

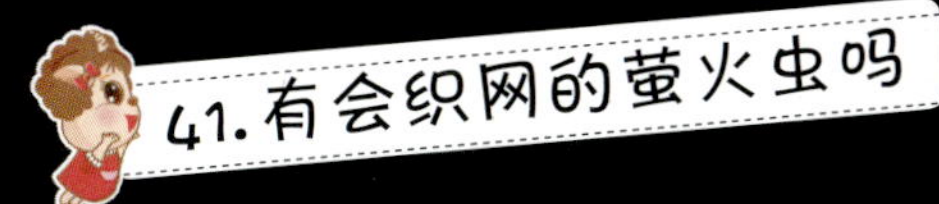

41.有会织网的萤火虫吗

在清爽的夏夜，伴着月光追逐良久，把那熠熠生辉的萤火虫收入瓶中，然后趴在那儿，看着它一闪一闪……相信这是我们大家共同的童年回忆。小时候，我们还幻想能把成千上万的萤火虫收集到一起，让它们悬在空中，幻化成那满天星斗……

萤火虫

现在这个梦想可以实现了！

这个奇妙的地方就是位于新西兰的怀托摩萤火虫洞，当你刚进入溶洞时，眼前是一片黑暗，随着竹筏的深入，当你开始慢慢适应这黑暗的环境时，“演出”开始了！前方的水面上开始有无数的光点摇曳着，这光亮在纯粹的黑暗中显得尤为炫目，给人不真实的感觉。然后，你就像突然掉进了一个梦幻的王国——目光所及，洞壁上密密麻麻地爬满了散发朦胧光亮的萤火虫，把整个洞穴装点得如梦如幻，恍若满天星斗……这还不是最虚幻的场景，当你仔细地观察这满天星斗的时候，你会发现在那浅绿色的微光之下，有无数条长短不一的半透明细丝从洞顶倾斜而下，并且每条细丝上都有若隐若现的水滴在摇曳，仿佛一大片水晶珠帘倒悬着，这些都是萤火虫分泌的附有水珠般黏液的细丝。这样的场景是不是很醉人呢？但是，你可别小看这些细丝，它们可不是装饰品，当洞中的昆虫循光而来就会被粘在上面，然后就变成萤火虫的“美餐”了！

这种萤火虫的奇特之处还不止这些，它们对居住环境要求尤为苛刻，遇有光线和声音便无法适应，目前也只在澳大利亚和新西兰这两个国家能发现它们。

42. 溶洞中的动物真的“出洞即死”吗

在溶洞探险中，看到那奇特的洞穴动物，我们都希望能把它们养在我们的房中。但是很多人发现他们带回去的动物根本活不了多长时间就死了。这是不是就是说所有溶洞中的动物都是“出洞即死”呢？

溶洞中的动物大致可以分为四类。

第一类叫作真穴类洞穴动物，像洞穴鱼、洞穴蜘蛛和洞螈等。这些动物一生都必须在溶洞中生活，它们几乎无眼，皮肤很薄且不具有色素，呼吸器官退化变形，新陈代谢也比较缓慢，所以这一类动物是不能带出洞穴的。它们才是真正意义上的“出洞即死”。

第二类动物叫作喜穴类洞穴动物，像蚯蚓和某些蝾螈就属于这类。它们在形态和生态上几乎和洞外的同类动物无异，所以它们既可以在洞内生存，又可以生活在洞外。

第三类就是蝙蝠这样的了，它们由于昼伏夜出，只把洞穴当作一个繁殖的场所，它们被单独划分为周期性洞穴动物，当然，它们也是可以在洞外存活的。

第四类就是外来性洞穴动物了，它们是指那些由于偶然的原因进入洞穴的动物。这类动物就比较杂乱了，由于本身就是洞外动物，所以它们只能在洞穴外围存活，并不能长期生活在环境极端的洞穴中。

虽然不是所有的动物都是“出洞即死”，但是把它们带出洞穴本身是不值得提倡的行为。

微生物在溶洞生态系统中非常重要

43. 为什么溶洞中的微生物并不是“微不足道”

微生物是洞穴中种类最多、数量最大的生物种类，而且洞穴微生物研究也是目前国际洞穴研究的最前沿的热点之一。微生物为什么会在溶洞中生活得如此“如鱼得水”呢？微生物研究又能给我们带来哪些好处呢？

这就不得不说到它们独特的生活习性了，原来微生物的生活习性和我们常见的动植物在很多方面是不一样的，比如很多微生物都喜欢阴暗、潮湿的生活环境，如果再恒温的话那就更完美了，而这些都是溶洞轻而易举就可以满足的，所以它们的“种族”才会在溶洞中发展壮大！

至于研究微生物的好处，那就更多了！首先，我们不得不重提一下溶洞微生物在溶洞生态系统中的地位，我们之前已经讲到，微生物是洞穴中动物能量的主要来源，它们就像是一个个勤勤恳恳的“生产者”，而其他动物则是一个个大腹便便的“消费者”，所以看似微不足道的它们可是在用自己的兢兢业业“养活”一大家子生物哦！研究洞穴微生物为科学家研究洞穴生态系统提供了很多重要的信息。其次，洞穴中相对封闭的环境使得这里的微生物有着独特的进化历程，并且还有很多微生物依旧保持着远古时候的形态，这就为科学家研究生物进化和远古生物提供了完美的资料。此外，微生物在现代医学中起到越来越显著的作用。

44. 溶洞中的微生物何以成为治病的良药

现在我们的生活中已经有很多由微生物制成的药物了，像抗生素就是人类利用微生物来制取的药物。可以说抗生素的研制成功是人类医药史上的最伟大创造之一。那么微生物制药究竟是怎么回事呢？

微生物制药其实利用的不是微生物本身，而是它们自己新陈代谢的产物，这些独特的产物只要一点点就能很显著地影响其他生物的生理机能，从而达到治疗疾病的目的，现在这类药物在肠胃或心脑血管疾病治疗等领域起着举足轻重的作用！微生物在治疗疾病中还有一项用途，就是在癌症治疗中充当“卡车”，这是什么意思呢？我们知道癌症有它单独的得病区域，我们用药的时候最好能把所有药物都直接作用在那个区域，微生物在这时候就被“委以重任”了！它们的任务就是把体内的药物运送到该区域，达到治疗时事半功倍的效果。这是不是很神奇呢？

但是，由于抗生素等药物在治疗中的广泛使用，很多病毒开始适应已有的抗生素，也就是说抗生素“失效”了！所以科学家迫切需要寻找新的独特微生物来研制新药物，而溶洞相对封闭的环境造就的独特微生物自然就进入科学家的视野了！

不过，洞穴微生物在医药上的应用才刚刚起步，还有很多科研工作要做。

溶洞中的微生物大有用处

45. 溶洞中为什么会有那么多的古生物化石

在洞穴探险中，古生物化石的发现经常会给探险者带来不小的惊喜。这些饱受岁月洗礼的珍宝往往可以告诉我们很多远古的故事。那么它们又是怎样到溶洞里的呢？

其实，要解释清楚这个问题并不难，溶洞中的古生物化石的形成其实有很多原因。

首先，曾经有某些动物为了躲避敌害或者恶劣的环境而长期居住在洞穴中，像远古人类和某些远古熊类，它们的遗体经过上万年的复杂变化后成为化石，展现在了我们面前，试图诉说那曾经的岁月……

其次，是由于远古人类狩猎带回的猎物形成的。猎物被人类食用后骨骼被遗留下来，随着岁月的变迁它们也和曾经捕获它们的猎手一起归于尘土。

再有就是复杂的地质变化带来的。我们知道每经历一段很长时间的稳定期后，地壳就会发生剧烈的运动，像地震就是这样形成的，这种剧烈运动导致岩层的错位和移动，这样有些深埋在地下的化石就被翻卷了上来，进入洞穴，最后也同样进入了我们的视野。

古生物化石对普通人或许只是一声惊叹，但是对考古学家来说那是记录远古岁月的“文字”，也是折射时光的“镜子”！读懂它们，就仿佛看到了那史前的日日夜夜……

在那文明刚刚萌芽的远古洪荒岁月里，埋藏着太多的秘密，却都因年代的久远被时光尘封——不见天日……但是，洞穴壁画的存在却似一束光给了我们继续探求的勇气！通过这些壁画，我们看到了祖先给我们留下的丝丝印记，我们看到了那未知岁月中的点点滴滴——先是一个轮廓，而后逐渐丰满，最后无数的壁画像无数条无形的丝线为我们编织出了那遥远的图画……

你准备好了吗？让我们开始时光旅行吧！

第四章 溶洞的壁画艺术

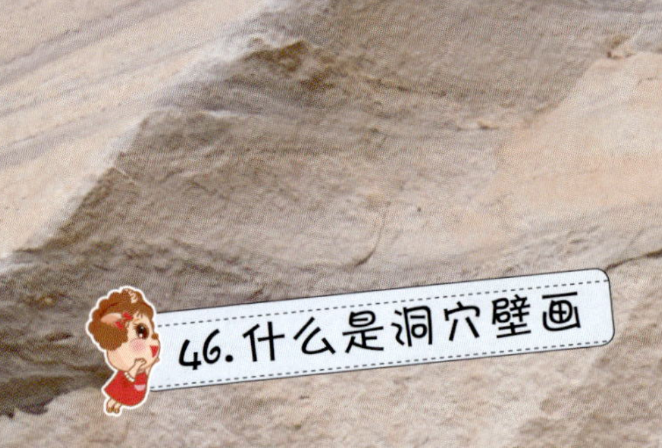

46. 什么是洞穴壁画

洞穴壁画是人类的祖先留给我们的重要文化遗产，用略显粗糙的线条勾勒出了远古时代的点点滴滴，也给我们打开了一扇想象的窗户，那么究竟什么才是洞穴壁画呢？

我们现在所说的洞穴壁画主要是指旧石器时代的远古人类留下来的洞穴绘画。那时候的文明才刚刚开始，人们只是试探性地想去表达一点东西，所以内容一般都比较简单，主要是人们日常生活中最常见的一些东西，比如动物形态或者狩猎活动等，但这些却都构成了原始文明的点点画面！此外，由于早期人类的居住地限制也导致洞穴壁画在全球的分布范围显得比较集中，比如欧洲的洞穴壁画主要集中在法国南部以及西班牙北部的地区，一小部分邻近意大利，此外，中国也有大量的洞穴壁画。虽然洞穴壁画只是原始艺术创作的曙光，但却一点也没有降低它们的可观赏性——这些壁画的线条大都简洁有力、形态生动，人类凭借最原始的洞察力和创作激情描绘了一幅幅生活百态图。当然由于当时条件限制，颜色主要以黑褐色为主，但那若隐若现的明暗搭配却依旧使得这些壁画栩栩如生……

那些壁画的创作者应该想不到他们的作品会静静地流传到现在，给后人留下了宝贵的财富。

47. 谁是最早的溶洞艺术家

或许仅仅是好奇，或许是出于某种目的，人类的祖先在洞穴中留下了自己的文明印记——洞穴壁画，一幅幅壁画虽然简单异常，却闪烁着艺术的光芒，那么究竟谁才是最早的溶洞艺术家呢？又是谁画下了人类历史上浓墨重彩的第一笔呢？

现今发现的最早的洞穴艺术是西班牙北部地区的那些红色“涂鸦”，它们距今有大约 40800 年的历史。之所以称之为“涂鸦”，是因为它们实在是太过于简单了，简单得甚至都不能称为壁画。其中，有的是将颜料喷在岩石上形成碟形图案，有的是把手按在岩壁上然后喷洒颜料留下手形图案，就像是牙牙学语的小孩子信手涂抹一样。那么这些“涂鸦”究竟是什么人创作的呢？科学家推测是尼安德特人。

尼安德特人是曾经生活在欧洲大陆和亚洲部分地区的一种古人类，大约在 3 万年前消失。如果这些洞穴壁画真是出自尼安德特人之手，那么对于研究尼安德特人的文化将是非常宝贵的资料。同时，洞穴“画家”的艺术思想和能力也从那时开始萌芽并迅速成长，之后慢慢出现了较为复杂的图形，甚至开始有了反映远古人类生活片段的壁画，绘画艺术也就开始成熟了！

虽然只是漫不经心地涂抹，却为人类建造了艺术的殿堂！

48. 洞穴壁画都画了些什么

洞穴壁画是人类祖先智慧的结晶，它们是现代人了解远古生活和文明的重要依据，也是祖先留给我们的重要遗产，那么洞穴壁画究竟都画了些什么内容呢?

在起初的时候，其实洞穴壁画只是“涂鸦”，比如用颜料在墙上喷个手的印记或者大概地涂一个生活物品的轮廓，这是艺术刚刚萌芽的阶段，这个阶段出现在大约 40000 年前。接下来，洞穴壁画中开始出现一些复杂的图形，但依旧只是一些可能代表某些含义的符号，还没有真正的描绘出现，此时距离它们出现已经过去了大约 10000 年。然后，才是洞穴壁画的井喷时代，洞穴壁画的内容完全铺展开了，原始人类开始在洞穴中描绘一些捕猎时候出现的动物形态，运用线条已经逐渐熟练和硬朗，并且人们已经开始学会使用不同颜色的颜料来绘画，这也是一大进步，而这一切都出现在距今约 20000 年前的时光里。随后，洞穴壁画的艺术逐渐完善，神话传说开始在不同的部落流传，人们开始注重壁画的象征意义而不仅仅把它们当成是描绘性的工作，于是一幅幅饱含寓意的壁画诞生了。洞穴壁画艺术也上升到了一个新的高度！

壁画既是时代的附属，又是时代的结晶，它们清晰地记录了那些不为现代人所知的岁月，也标志着一个又一个文明的高度。

49. 色彩鲜艳的洞穴壁画是古人用什么工具绘制出来的

看着色彩瑰丽的洞穴壁画，想象着远古时候那简陋的工具和生活条件，我们总是不能相信这些佳作是在那些食不果腹的岁月里完成的。那么在人们甚至还没有学会熟练地制造工具的年代里，人类的祖先是用什么工具创作出这些作品的呢？

想象力应该算是原始人类创作壁画的一大推力，为什么这么说呢？你想啊，当时人们的智力还不是很发达，他们根本无法制造精致的绘画工具，所以只能用手指或者牛尾、干草这些随处可见的东西来作画。后来他们意外地发现羽毛中可以储存少量的颜料，之后他们便极富想象力地发明了兽骨管这个在后来被广泛使用的绘画工具。他们把颜料灌入兽骨管中，然后来描绘身边的物品。后来他们甚至还发现有些壁画是可以用工具“吹上去”的。

那么那些不同颜色的颜料又是什么呢？各种不同时代用的颜料都不太一样。起初的时候，他们也用了相当一部分的木炭来作画，但很快就被淘汰了。天才的远古人类甚至学会了用一些动物油脂和彩色矿砂磨细后来配制更加高级的矿物颜料！真是令人惊叹！

看来落后的科学技术并没有直接影响到原始艺术的发展，反而是原始人类那天才的发现和创作能力让我们惊讶不已。

50. 古人为什么要创作洞穴壁画

古人创作洞穴壁画究竟是为了什么呢？是单纯的消磨时间，还是描绘自己的生活场景？是试探性地描绘一些东西，还是真的就是希望在这个世界上留下一些记录呢？

其实，人们对于这个问题还没有得出一个统一的认识。不过，现在也有几种比较主流的看法，我们可以讨论一下。

第一种看法是狩猎理论，一部分科学家认为洞穴壁画中出现的动物形态与原始人类的狩猎活动有关，因为在洞穴壁画中发现了很多的动物，如牛的身体上有很多的斑点，科学家猜测这些斑点是老练的猎手为了训练新猎手而用来做理论介绍的“教材”，并且也可以把它当作靶子来练习，以此来提高狩猎的成功率。

第二种看法就是巫术说，这种理论的缘由是科学家在洞穴中发现了很多插着箭的动物画，于是猜测这些壁画是为了祈祷狩猎成功而作的。由于远古人类智力并没有完全开发，而体型和体力的欠缺导致他们经常打猎失败，于是画一些受伤的猛兽可能是希望这些诅咒能够保护自己。

第三种看法是装饰说，有些学者认为这些壁画仅仅起装饰作用，因为远古人类大都居住在洞穴中，所以把自己的家装饰得漂亮一些也无可厚非。

第四种看法就是书契理论，就是说用这些壁画来记载一些事和物，并以此来和其他的种族交流。

不同的人在不同的时代就着不同的环境画出了不同的壁画，但无一例外都是我们窥视那些时光的“窗户”。虽然有的“窗户”很小也很片面，但这已足够我们去感受远古人类的生活有多奇妙。

51. 有什么办法保护这些珍贵的洞穴壁画吗

洞穴壁画已经默默存在了上万年。从它们重见天日的那一刻起就开始受到各种方式的损坏和侵害。如果我们不及时保护，可能若干年后它们就会面目全非。

潮湿、光线和二氧化碳是洞穴壁画保护的天敌。像敦煌壁画之所以能够保存千年而不变色也甚少损坏，其中的主要原因就是当地气候干燥，并且大部分的壁画都被长期地掩埋在沙漠中，破坏洞穴壁画的天敌被死死地阻挡在厚重的沙子外面。但是一旦被开发后，将面临很多的不利条件。那么对于开发后的壁画我们要怎么样解决这些难题呢？难道只能把它们重新掩埋起来吗？当然不是，史前壁画都有原位保存的特性，就是说只要我们能保证一直用它刚被制作出来时的状态来保存它，就能起到良好的保存效果。

在日本的富勾贝洞窟岩画保护中，科学家首次采用了划时代的“胶囊”方式。所谓的“胶囊”方法就是把一处处保留着壁画的岩层整体用玻璃封存起来，内部常年使用空调，把石洞内部的环境维持在一定的温度和湿度内。因为冬季内部有结冰的危险,这种设施的首要作用就是防止结冰。同时，对于苔藓，大棚也可发挥抑制其生长的作用。看来，“胶囊”方法是一种比较成功的壁画保存方法。

每个国家和地区都有自己独特的壁画保存方式，有的甚至直接把洞穴壁画重新封闭了。但无论怎么样，目的都是为了把它们永久地保存下去，对吗？

52.怎么样确定溶洞壁画的年龄

洞穴壁画的价值在某种意义上来说跟它的年龄是成正比的，越是年代久远的壁画研究价值越大。那么我们又是凭借什么来确定它们的年龄呢？

其实，对洞穴壁画进行测年是一件很困难的事情，不像测化石的年龄，我们可以参考旁边骨骼的历史进行推测。壁画就是孤零零地待在那里，它和旁边的东西没有关系，这就无形地增加了科学家工作的难度。现在对洞穴壁画进行测年的其中一种方法和我们之前说过的钟乳石测年的方法基本一样，都是利用颜料的成分进行碳同位素测年的方法来确定时间。但是，在这里这个方法却并不是最佳方法，因为一些科学家认为颜料中碳的成分可能很容易地就受到溶洞中其他碳元素的污染，从而严重影响测年的准确性，所以说这种方法目前饱受争议。

那么是不是就只有这一种方法可以确定壁画的历史呢？当然不是！接下来要说的这种方法也可以推测，但是争议也依旧存在。我们知道每一个时期的艺术都有一个趋势或者说潮流，就是大家在创作的时候都有一定的相似性，科学家在经过大量的观察后，总结出了每个时期的特点，这样再见到一幅壁画的时候，就能根据它的特点来归类，但是艺术创作也存在特例，这些特例的存在也使得这种方法测年变得不再那么准确。

目前还没有一种方法可以准确地对壁画进行测年，但是科学家依旧在努力探索，相信有一天我们可以找到最好的办法！

53. 研究溶洞壁画有哪些价值

洞穴壁画是溶洞艺术的王冠，考古学家经常会对着那一幅幅的洞穴壁画流连忘返、如痴如醉，那么研究洞穴壁画究竟有什么价值使得众多学者如此痴迷呢？

远古环境究竟是怎样的？那时候有哪些巨兽？人们的生活情况怎么样？人类的社会关系是怎样的？那时候究竟发生了什么……太多的疑问环绕着“那时候”积攒在我们的脑海。但是“那时候”离我们是如此的遥远，以至于我们根本无法探求真相。但是洞穴壁画的存在却给了我们可能！我们的祖先把他们生活中支离破碎的片段搬到了壁画中，用那些简单的线条勾勒出了远古人类狩猎、祭祀等场景。在壁画中，我们的祖先隐隐地在勾勒那远古的岁月。于是，我们看到了远古的巨兽，我们看到了远古人类对大自然的绝对敬畏，我们也看到了在那母系社会阶段女性受到的无限推崇，我们还看到了我们的祖先在食不果腹的年代点燃的点点艺术之光……所以，现在你知道为什么考古学家会对洞穴壁画如此痴迷了吧？

我们不只在看一幅幅壁画，而是透过壁画，在看一个未知的世界！

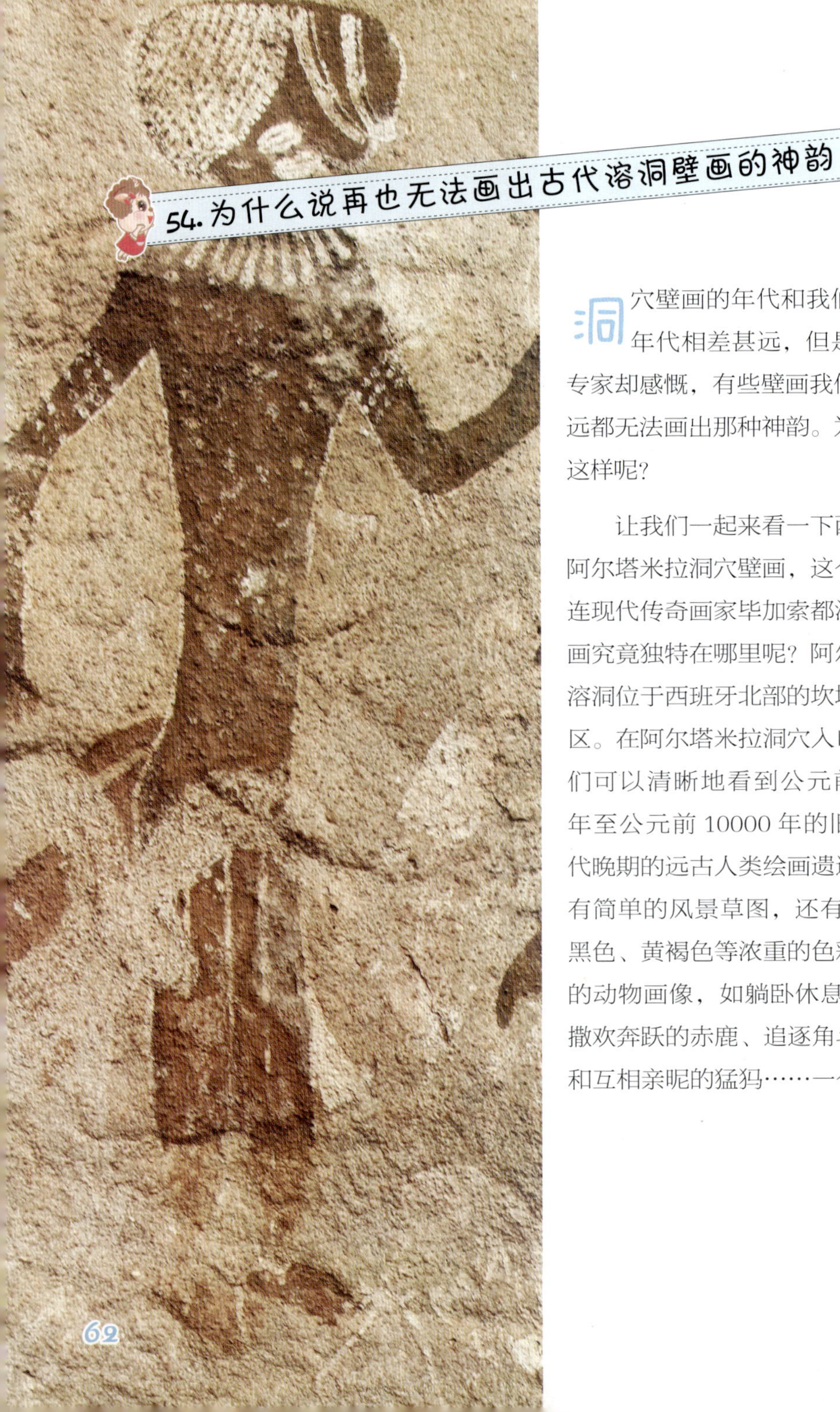

54. 为什么说再也无法画出古代溶洞壁画的神韵

洞穴壁画的年代和我们所处的年代相差甚远，但是很多的专家却感慨，有些壁画我们可能永远都无法画出那种神韵。为什么会这样呢?

让我们一起来看一下西班牙的阿尔塔米拉洞穴壁画，这个被称为连现代传奇画家毕加索都汗颜的壁画究竟独特在哪里呢？阿尔塔米拉溶洞位于西班牙北部的坎塔布连山区。在阿尔塔米拉洞穴入口处，我们可以清晰地看到公元前 30000 年至公元前 10000 年的旧石器时代晚期的远古人类绘画遗迹。其中有简单的风景草图，还有由红色、黑色、黄褐色等浓重的色彩泼洒成的动物画像，如躺卧休息的野马、撒欢奔跃的赤鹿、追逐角斗的山羊和互相亲昵的猛犸……一个个感情

色彩浓厚的大自然角色活灵活现，形态各异，联想到这些动物在几万年前就在地球上奔跑跳跃，一股厚重的历史气息就会扑面而来，仿佛经受了一场洗礼！或许就是这种感觉，是现在的画家无法画出的感觉。这跟绘画技巧无关，其中的历史感人们无法描绘！还有一种原因，就是远古人类在创作这些壁画的时候，心中饱含着对大自然特殊的敬畏，并且把内心中的那份敬畏也融入到了壁画中，而这种感觉我们现在的画家无法重新获得……

所以，任何赞美的语言用在出色的远古壁画上都显得苍白无力，这些瑰宝是我们无上的宝藏，值得我们尽全力去永久珍藏！

55. 为什么许多溶洞壁画名迹被限制甚至拒绝参观

洞穴壁画以其厚重的历史气息深受旅游者的喜爱，每年都有大量的人到洞穴中去参观这些远古的奇迹。但是现在越来越多的珍贵壁画被限制参观甚至直接拒绝参观，这是怎么回事呢?

其实，这跟洞穴壁画的保护有着密切的关系，我们知道洞穴壁画之所以能保存如此长久的时间，跟它起初的封闭环境是分不开的。但是，洞穴被开发之后，封闭环境被破坏，壁画经常会受到不可修复的损害，那么究竟哪些东西会对壁画产生损害呢?

首先，就是洞穴被开发后，由于它本身独特的溶洞结构，与外界接通后就会聚集很多的潮气，而这些潮气对壁画的损害是毁灭性的！湿气过重时，会侵入墙体，一段时间后又会从墙体中蒸发出来，反复的热胀冷缩会使壁画产生空鼓和翘曲，所以潮湿是壁画的主要杀手之一。

其次，就是开放后，洞穴中的氧气和二氧化碳的浓度会显著上升，而氧气的存在会使得壁画发生氧化而变色！本来色彩艳丽的壁画在长时间的氧化后会变得面目全非。接下来就是光线的影响，旅游开发后，洞穴中的灯光是必不可少的，虽然做过了特殊处理，但是长期照射的灯光依旧会严重损害壁画本身的颜色。

珍贵的洞穴壁画是无法复制的，任何方式对其造成的伤害都是不可挽回的损失。所以，就有了限制参观和拒绝参观的办法。这都是为了保护我们共同的遗产，不是吗?

56.欧洲最早的溶洞壁画是哪两个

由于远古时候人类的栖息地并不十分广泛，而壁画与人类的栖息地密切相关。所以远古壁画在全球的分布十分集中，那么在遥远的欧洲，又是哪些地方点起了文明的星星之火呢?

迄今为止，欧洲发现的最早的洞穴壁画是位于西班牙和法国的单色壁画，它们显示了远古人类描绘客观世界所迈出的第一步。其中西班牙的单色壁画是位于坎塔布利亚自治区的阿尔塔米拉洞窟，这个溶洞洞穴在公元前 3 万年至公元前 1 万年就有人类在居住了。洞中布满了由红色、黑色、黄褐色等浓重色彩画成的野生动物，有野牛、野马和野鹿等。其中最为著名的是画在洞顶上的长达 15 米的群兽图，身长从 1 ~ 2 米不等的动物以卧、站、蜷曲等不同姿势悬挂在洞顶上，十分的真实生动，显示了远古人类在描摹方面已取得的巨大成就。法国的拉斯考克斯洞窟壁画也是欧洲最早的溶洞洞穴壁画之一。与西班牙的阿尔塔米拉洞穴壁画的静态相反，这个洞穴壁画中的动物都呈运动的姿态，并且给人的印象十分的粗犷和气势磅礴。并且在拉斯考克斯洞窟中还发现了“中国马”，它因为形体跟中国的蒙古马十分相似而得名。

57. 拉斯考克斯洞窟为什么被称为“史前凡尔赛”

凡尔赛宫是法国著名的文化宫殿，也是举世闻名的人类艺术宝库。然而在法国的西南部却有一个溶洞被称为“史前凡尔赛”，无论是在法国还是世界这都是一个无上的荣耀，是什么使得它能得到如此高的称赞呢？

这个被称为“史前凡尔赛”的溶洞就是位于法国多尔多涅省蒙特涅克村的拉斯考克斯洞窟，它是法国著名的旧石器时代壁画洞窟，拥有着远比其他洞穴更加丰富的旧石器时代绘画和雕刻，也因此而闻名于世。这里大约有 100 幅壁画，并且保存得相当完好！在壁画中可以看到很多马，还有牛、驯鹿、洞熊、狼和鸟等，也有一些想象的动物和人像，这些壁画形象生动地再现了 1.5 万年以前穴居的原始人生活的场景。然而更加奇特的是，这个溶洞的前部有几头大公牛的形象，而这些公牛的形象是覆盖在其他动物形象之上的！也就是说，像我们的演草纸一样，这幅画的下面叠压着红色的牛、熊和鹿等，并且这样相互叠压的现象在拉斯考克斯溶洞中广泛存在，难道是穴居人在这里生活的时候洞壁上就已经有了壁画，之后他们又重新画了上去？据统计，这种重叠的壁画可清晰辨认出的就有 14 层之多！但由于现在技术的局限，我们对它们的绘画时间难以一一确定。

作为 15000 年前穴居人的一个艺术中心，“史前凡尔赛”的称号它确实当之无愧！

58. 阿尔塔米拉洞穴壁画是怎样被发现的

一个名叫马塞利诺·德桑图奥拉的西班牙考古学家发现了一个后来举世闻名的史前洞穴壁画，但是却蒙冤20多年。这是怎么回事呢？

1875 年，马塞利诺·德桑图奥拉来到了距离桑坦德地区约 30 千米的阿尔塔米拉洞穴附近收集化石，在那里他发现了一些动物的骨骼和燧石工具，初步断定这里是史前人类活动频繁的地区，这时候，他还没有意识到他将会有一个世界级的大发现，收集完化石后他就离开了。4 年后，他重新来到这里，并且带来了 4 岁的女儿玛利亚。勇敢活泼的玛利亚并不愿听从父亲的话待在原地，而是独自开始了自己的探险旅程！她在周围缓慢搜索着好玩的东西，很偶然地爬进了一个低矮的洞口，洞内一片漆黑。她无法继续前行，于是出来拿上蜡烛，重新走入了洞穴，当蜡烛点燃的那一刹那，惊险的一幕发生了！她顺着烛光突然发现洞壁上面有一双铜铃一般的公牛眼睛在直直地瞪着她！伴着尖叫声，这个著名洞穴为世人所知了！

然而，这一发现却并没有为马塞利诺·德桑图奥拉和他的家人带来好处，西班牙有关方面并未对其发现表示关注。反而有人诬陷说壁画是他为了沽名钓誉而雇用马德里画家画上去的！这一误解一直伴随他 20 年……

其实，马塞利诺·德桑图奥拉被蒙冤的主要原因就是这些壁画实在是太生动了！生动得连人们都不敢相信史前人类能有如此熟练的描绘能力。

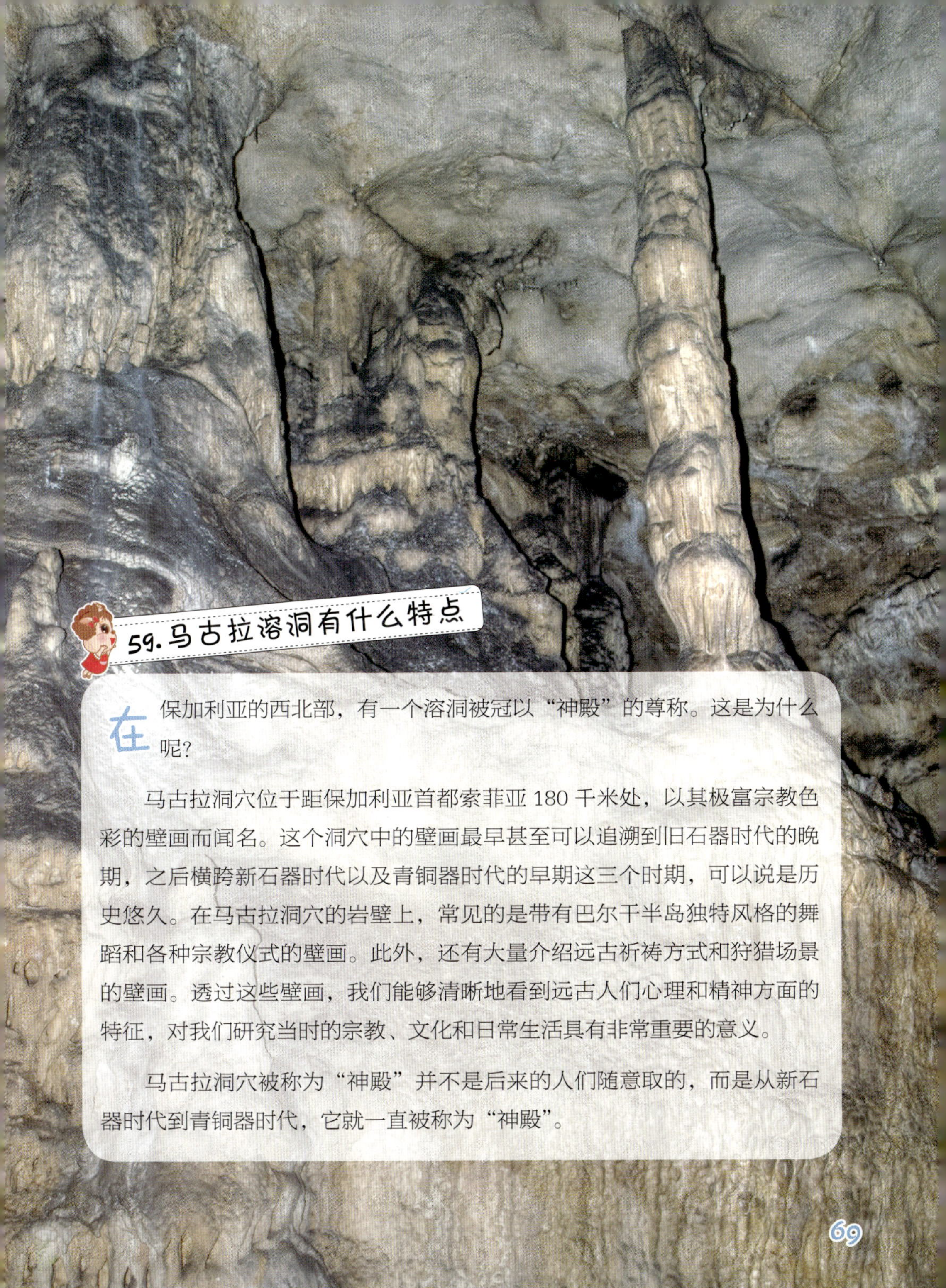

59. 马古拉溶洞有什么特点

在保加利亚的西北部，有一个溶洞被冠以“神殿”的尊称。这是为什么呢?

马古拉洞穴位于距保加利亚首都索菲亚 180 千米处，以其极富宗教色彩的壁画而闻名。这个洞穴中的壁画最早甚至可以追溯到旧石器时代的晚期，之后横跨新石器时代以及青铜器时代的早期这三个时期，可以说是历史悠久。在马古拉洞穴的岩壁上，常见的是带有巴尔干半岛独特风格的舞蹈和各种宗教仪式的壁画。此外，还有大量介绍远古祈祷方式和狩猎场景的壁画。透过这些壁画，我们能够清晰地看到远古人们心理和精神方面的特征，对我们研究当时的宗教、文化和日常生活具有非常重要的意义。

马古拉洞穴被称为“神殿”并不是后来的人们随意取的，而是从新石器时代到青铜器时代，它就一直被称为“神殿”。

60. 全球五大史前洞穴壁画有哪些

你知道全球顶级的五大洞穴壁画吗？你知道它们各自有什么特点吗？

首先要强调的是我们接下来说的先后顺序并不是排名，五大洞穴壁画各有千秋，无法排先后顺序。阿尔塔米拉洞穴的壁画被称为“令毕加索都汗颜的壁画”，这样的褒奖是当之无愧的！马古拉洞穴以其浓郁的宗教色彩而一直被冠以“神殿”的称号，内部众多的祭祀壁画令其别具一格。这两个洞穴我们比较熟悉了。

有“史前凡尔赛”之称的拉斯考克斯洞穴，位于法国的西南部，里面有着世界上最不同寻常的旧石器时代壁画，历史至少可以追溯到 15000 年前。但是由于参观人数太多，人们呼吸产生的二氧化碳已经严重损坏壁画，于是 1963 年法国政府停止向公众开放。

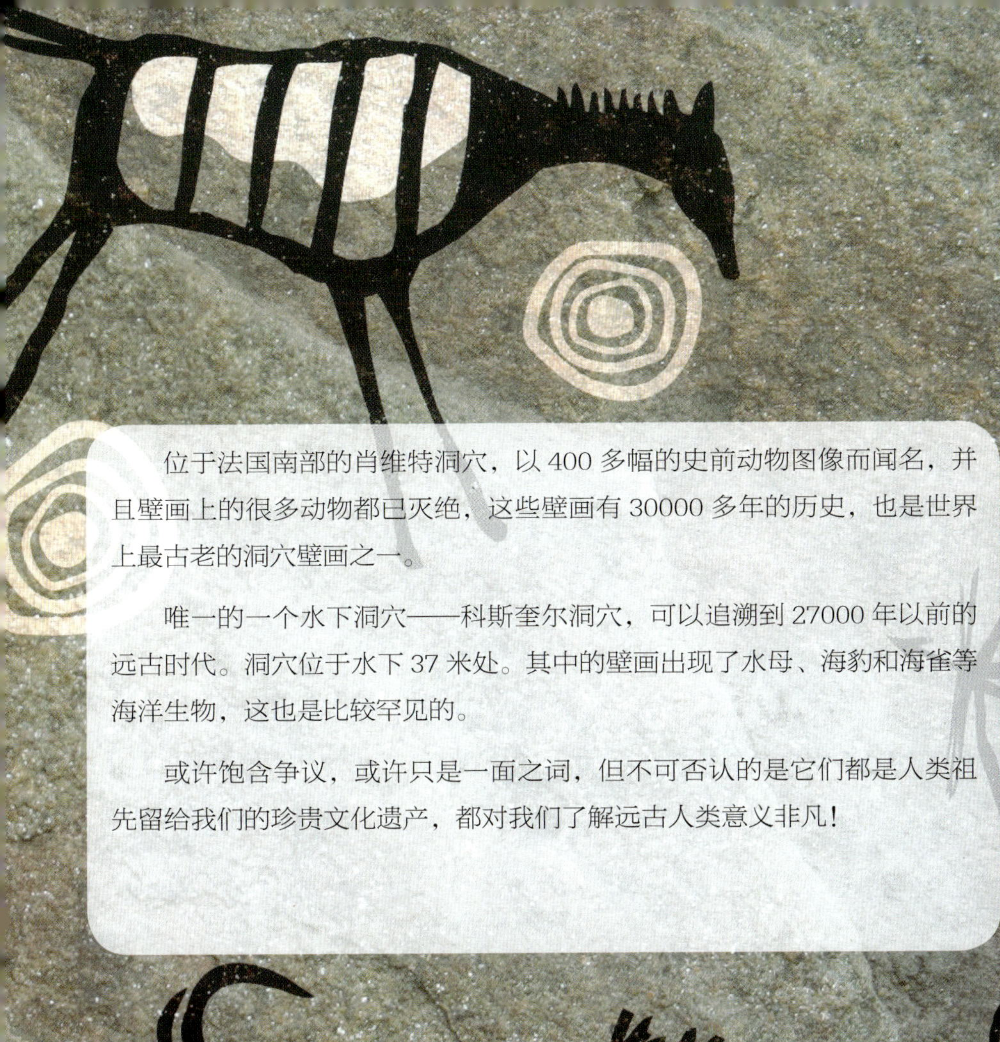

位于法国南部的肖维特洞穴，以 400 多幅的史前动物图像而闻名，并且壁画上的很多动物都已灭绝，这些壁画有 30000 多年的历史，也是世界上最古老的洞穴壁画之一。

唯一的一个水下洞穴——科斯奎尔洞穴，可以追溯到 27000 年以前的远古时代。洞穴位于水下 37 米处。其中的壁画出现了水母、海豹和海雀等海洋生物，这也是比较罕见的。

或许饱含争议，或许只是一面之词，但不可否认的是它们都是人类祖先留给我们的珍贵文化遗产，都对我们了解远古人类意义非凡！

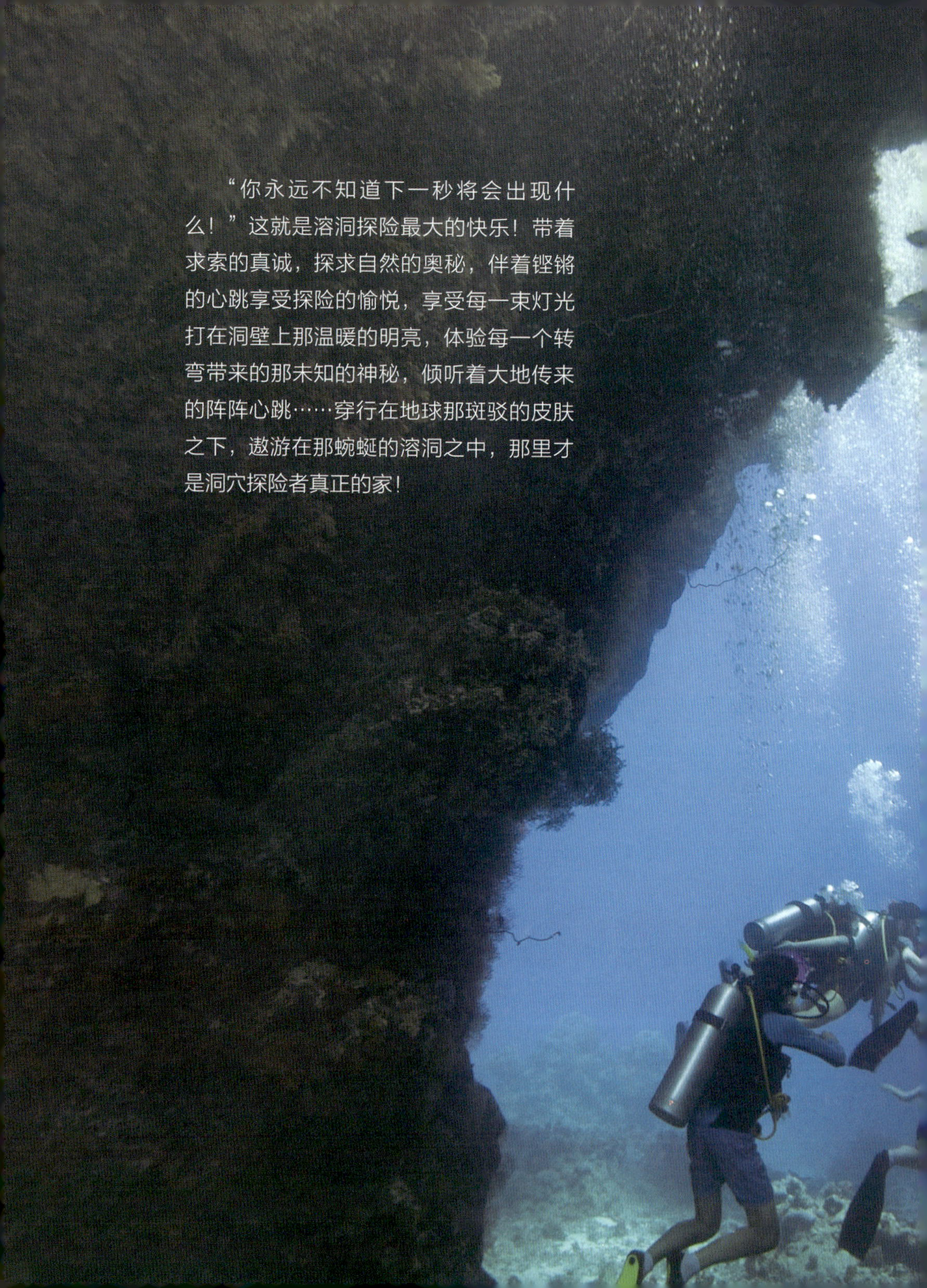

“你永远不知道下一秒将会出现什么！”这就是溶洞探险最大的快乐！带着求索的真诚，探求自然的奥秘，伴着铿锵的心跳享受探险的愉悦，享受每一束灯光打在洞壁上那温暖的明亮，体验每一个转弯带来的那未知的神秘，倾听着大地传来的阵阵心跳……穿行在地球那斑驳的皮肤之下，遨游在那蜿蜒的溶洞之中，那里才是洞穴探险者真正的家！

第五章 溶洞探险

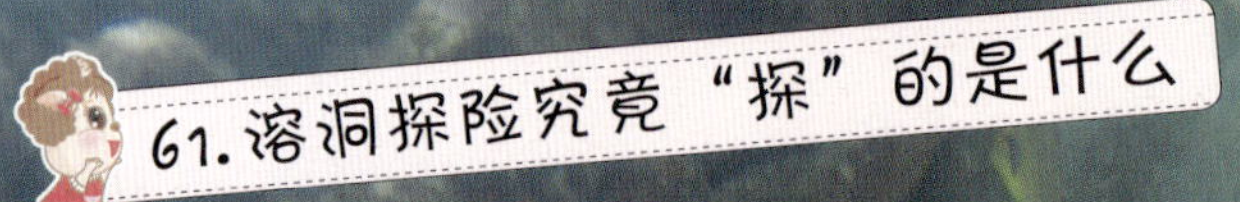

61.溶洞探险究竟“探”的是什么

我们经常提到洞穴探险，也经常听到有人参加洞穴探险并从中找到无尽的乐趣，那么洞穴探险探的究竟是什么呢？又是什么吸引着越来越多的人加入到洞穴探险的队伍中的呢？

其实，这个问题应该分人来说。我们先说一下我们普通人说的洞穴探险，我们经常听到的别人讲述的旅游探险其实不算真正的探险，因为为了保证游客的安全，一般情况下他们探险的洞穴都是被人反复验证没有危险才开放的，并且有人会全程陪护，这种探险其实更准确地说是游览。

还有一种探险就是社会上一些追求极限运动的“驴友”（旅友）。他们一般都掌握着相当的洞穴探险的专业知识，所以他们一般都会选择一些人迹罕至或者说从未有人进去的洞穴进行探险活动。这些人探险就是为了满足自己的一种猎奇的心态，他们享受的就是那种“成为第一个”的快感。但是由于并不是所有的极限爱好者都经过了专业的培训，所以这种探险还是具有一定的危险性的。

此外，需要说的就是专业的探险队了。探险者具有超高的洞穴探险技巧，他们探洞的目的是科学考察或者是找寻另一个溶洞旅游胜地！

其实，不论你是哪种洞穴探险的人，只要你从洞穴探险中找到了属于自己的乐趣，那你也就找到了洞穴探险的真正精髓。

62. 徐霞客是中国古代著名的洞穴探险家吗

洞穴的神秘吸引了无数的探险者为之倾倒，从20世纪中叶开始，洞穴探险旅游在西方国家悄然兴起。观光旅游成为了现代人类对洞穴进行开发利用最多的方式。中国的洞穴探险旅游尚处于初始阶段。但是在400多年前，中国就有一个著名的洞穴探险家，你知道他是谁吗？

他就是徐霞客！徐霞客是明朝著名的地理学家和旅游家。“凡世间奇险瑰丽之观，常在险处”，这是他的座右铭，也是激励他奋斗一生的动力来源。他克服了很多旁人难以想象的困难，一生钟情于山水之间，从22岁开始，就立下了“大丈夫当朝碧海而暮苍梧”的旅行大志，之后他的足迹就开始走遍中国的大江南北——江苏、浙江、福建、山东、河北、河南等19个省市都留下了他的足迹。整整34年，他都奉献在了路上，之后呕心沥血写成了60万字的《徐霞客游记》，在这部书中他系统地描写了祖国各地的地貌地质，也详细地汇总了华夏大地的各种秀丽风光，其中就包括大量的关于溶洞的介绍。他所记录的溶洞，是他游览、亲见过的。他被后人称为“游圣”，也成为一代代中国人心中自由探险的象征。

徐霞客被称为“千古奇人”，相信每个人的心中都有一个徐霞客式的梦想，想象着自己可以纵情山水，可以随意地走走停停……

希望这些梦想最终都能实现！

63. 非专业人员可以参加溶洞探险吗

洞穴探险是一项极富刺激性的户外活动，它以独特的猎奇体验吸引了越来越多的人投身其中。说到这里，你肯定早已跃跃欲试了。那么没有经历过专业知识培训的普通人究竟是否可以进行洞穴探险呢？

其实像洞穴探险这种户外运动，有诸多的不可控因素。不同溶洞的环境、探洞强度和探洞危险度都各不相同，因此对参与者的心理素质和技术装备要求也各不相同。首先是环境，海拔低于 3500 米的溶洞，对探险者的要求稍微低一点，但是高于 3500 米的时候，就相当于高山高原了，对探险者的体能和技术都有较高的要求，所以未经过培训的普通人一般不要到海拔超过 3500 米处进行活动。其次是探洞的危险度，对于那些已经开发的溶洞景点推出的洞穴探险项目，一般都有充分的安全保障，这种洞穴探险对参与者没有什么特殊要求，也是大家选择最多的常规洞穴探险。而对于野外人迹罕至的未经开发的溶洞，则不适合大多数人，首先参与这种洞穴探险需要经过专业培训，其次还要有较好的心理素质和团队合作意识，而这些大都不是普通人所能够具备的。

所以你可不要小看洞穴探险哦！如果你真的希望去一览洞穴最原始的模样，那就从现在开始好好准备吧！除了要经常锻炼身体外，还要多多地学习相关的知识，然后在专业人员的带队下向着你那憧憬中的美好世界进发吧！

64. 在溶洞探险前我们需要做哪些准备工作

溶洞探险是一项对专业技能要求很高的野外冒险活动，它以紧张刺激的独特体验吸引了众多的追随者，那么当确定好探险目标后我们需要做哪些基本工作呢?

洞穴探险紧张刺激但是又充满危险，如果稍有不慎，就可能在里面栽跟头。所以在进洞之前我们要做最万全的准备。除了要置办相应的专业设备外，我们还要对探险的对象有足够多的了解。当地的地质、气候、水文特征以及之前的探险资料我们都要透彻地了解。此外，出发前还要和其他队员有足够的交流，因为在封闭、黑暗而又绝对安静的地下环境中，我们不能保证时刻都能轻松承受，在我们最需要鼓励的时候，熟悉的队友可以给予最贴心和最温暖的怀抱，帮助克服恐惧，继续前行。

还有一个建议，在入洞之前，也要把此次探险的基本情况包括进、出洞口的时间写成卡片，一份交给自己的亲朋好友，一份交给当地的居民或者放在洞口。这样，万一在洞中遇到危险，可以保证外部的救援迅速而有效地展开。

此外，我们在选择探险对象的时候也要尽量地避免选择水洞作为目标。洞穴探险的事故，绝大多数发生在水洞中，要引起我们足够的重视。

千里之堤，毁于蚁穴。准备工作中出现的任何微小的疏忽，在探险的过程中都会被无情地放大无数倍，所以“一丝不苟”是最好的准则!

65. 你知道在洞穴探险过程中的“常识”吗

洞穴探险中也有很多的“常识”，但是这些常识却都来之不易。下面就让我们一起来盘点一下吧！

“暴雨过后，千万不要探洞！”相信这是每一个有经验的洞穴探险家都知道并严格遵守的探洞法则之一，因为暴雨过后，洞穴中的结构会相当的不稳定，塌方的可能性会大大增加，而这个可能性对洞穴中的探险者来说是致命的！

“探洞之前，一定要重复检查装备是否齐全！”这是经验丰富的探险者越加注重的细节，这点是毋庸置疑的。复杂的洞穴探险需要的装备繁多，这就要求探洞者必须每人都要携带一些团队需要的装备，如果在需要的时候才发现装备不齐，那么代价是我们无论怎么样也想象不到、承担不起的。

“探洞过程中要时刻注意你的电石灯！”电石灯是我们洞穴探险中最常用的照明装备，它因为具有超大亮度和超长耐久的特点备受人们喜爱。此外，它还有一个用处，就是用来检测洞中的含氧量！当洞穴中氧气含量不足时，可能我们一时并不能察觉，但是电石灯却会敏锐地发现并变化自己燃烧的颜色，此刻我们要立刻毫不犹豫地撤出！而这无声的警告要靠我们时刻注意。此外，队员在更换电石的时候，其他人一定要退到 5 米开外！因为燃烧殆尽的电石会有残存的电石气逸出，它若碰到明火就会引发瓦斯爆炸！

这样的常识还有很多，它能给予探险者帮助，成就了一个又一个成功的探险者！

66. 溶洞探险需要哪些装备

专业的洞穴探险除了需要专业的知识和超强的体魄外，专业的探洞设备也是必不可少的，那么专业的探洞队都有哪些专业设备呢？让我们来盘点一下吧！

首先，要想下到地下的溶洞，我们需要专业的绳子和安全带。主要的保护绳要用那种能够承载 2000 千克质量的静力绳，这种绳子不仅承重大，而且十分紧密，从而泥沙等外物不会进入绳子的外皮以造成磨损。而用来做安全带连接和脚踏套等的辅助绳则用承重 1000 千克的开夫拉纤维绳就可以了。而安全带则一定要用探洞专用的安全带，这种安全带安全性高、结构简单、体积小，并且令人感觉十分舒适。

进入洞穴之后，照明设备是必不可少的。进行洞穴探险最好用一体式的电石灯头盔来照明，这种电石灯亮度大，并且可持续照明的时间较长。

专业的探洞头盔和衣物等也是必不可少的。头盔一定要用保护性能非常好的，因为在洞穴中经常会出现落石，以及头脑会磕碰岩壁的情况，这样可以有效地避免受到伤害。衣物要用探洞专用的连体探洞服。背包最好也用专业的背包。

除了上述的主要装备外，还需要 SRT 设备、牛尾绳和铁锁、快挂等。在进行专业洞穴探险之前，最好让有经验的人再给自己检查一下装备。

67. 在洞穴探险中经常会碰到哪些危险

野外洞穴探险是一项高危险性的运动，即使是经验丰富的极限运动者也可能在漆黑的洞穴里遇到麻烦，那么在洞穴中究竟有哪些可能出现的危险呢？

第一个危险是迷路。洞穴中的道路错综复杂，而黑暗的环境加上雷同的场景往往使人难以辨别方向，即使是刚走过的路也容易记混。所以一边探洞一边设立标记是十分必要的。并且还要随时地回头看看地形地貌，注意辨识主洞道和岔洞，并且要记住水流的方向。

第二个危险是水淹。洞穴中的地下水和地下湖的水面往往会随着天气的突变而变化巨大，所以一定要避免在雨季或者是天气突变的时候进洞。在空间比较狭小的洞穴中要时常注意洞壁上最高水位线的情况。如果出现不正常的情况，应该马上出洞。

第三个危险来自行进中的危险。对于干洞，则主要注意路线上的浮石，发现有落石的情况要立刻大声地提醒其他人注意。当在水中行进的时候，要用木棒和手杖等协助探路，并且要尽量保持身体的干燥。

第四个危险是岩石崩塌带来的威胁。在洞穴探险中，领头人要特别注意洞壁和洞顶上是否有不稳定的局部岩层，如果有，应尽量地避开这些岩石。

第五个危险来自洞口的有毒动物。这需要有经验丰富的探洞队员来进行探路，并且指导前进。

第六个危险就是洞穴中可能会有空气闭塞的洞室。一旦发现有呼吸困难的情况应立刻撤离，避免缺氧窒息。

洞穴探险最忌讳的就是心浮气躁和单枪匹马，在行进的过程中要步步为营，同时最好组成 3 人以上的团队再入洞。情况复杂的话，还要准备好救援人员。

68. 在溪谷中怎么样行走

溪降是洞穴探险中经常会遇到的情况，并且也是对洞穴探险者要求比较高的一个项目。那么在溪降的过程中，我们需要掌握哪些基本的个人技能呢？

在溪降峡谷的深处，即便是最容易通过的地方也有两个明显的特点——崎岖和湿滑。几乎没有多少路段可以让人放松地直立行走。当然，每个人都愿意避开湿滑的岩石，但是人们很难准确地判断哪里滑、哪里不滑。并且由于季节、气候和水位的关系，即使同一处的岩石湿滑程度也不一样，没有明显的规律。不滑的地方只有以下几种：砂石堆积的地方、流速较快的浅水河床以及较厚的苔藓处。然而虽然知道这些常识，还是会有很多人既容易摔倒行动又很迟缓。一方面是因为他们可能先天平衡能力较差，另一方面就是畏惧心理作怪。探险者只能平时不断地锻炼自己才能提高行走的速度。

在溪谷中行走，提倡快速行进。习惯于溪谷中行走的老练的探险者都深谙在行进中保持平衡的技巧。他们很少把脚放在低位，而是选择踩着石头尖跳跃着前进。这种方式轻巧而敏捷，并且体力消耗也不会很大。但是如果碰到速度较慢的队友挡住了道路，就容易摔倒，这种现象也是很常见的。

此外，在溪谷中滑倒也是很常见的事，所以最好都全程佩戴头盔和身穿救生衣。此外，也要多练习摔倒时的自我保护技巧，以便摔倒时能够减少伤害。

洞穴探险通常是一项团队运动，任何成员的失误都可能影响整个团队的进度，所以认真学习各项技能也是对团队负责！

69. 你知道最危险的洞穴探险在哪里吗

在潮起潮落的近海洋面上，有时会突然出现一片深蓝色的圆形水域，从高空看，仿佛是深邃、神秘而诡异的洞，这种现象被人们称为蓝洞。蓝洞探险是现今世界上最危险的洞穴探险之一

加勒比海的巴哈马群岛有着“人间天堂”的美誉，大量游客每年蜂拥到此观光。有一些观光客是为了享受阳光和沙滩，但是还有一部分人是冲着这里的蓝洞而来的！虽然平均每年都有 20 个左右的极限潜水高手在这里丧生，但是死亡的阴影并没有阻挡住探险者的脚步，反而刺激了倔强的探险者。因此，每年探险者仍旧纷至沓来。

那么究竟是什么使得蓝洞如此危险呢?

其实，蓝洞只不过是一个个水下的溶洞，深度不过数百米，但是探险的凶险程度却比地面上高了不知多少倍！迷宫般的蓝洞对于潜水者来说通过本来就比较困难，而洞底的淤泥又时常来捣乱，如果动作稍微大一点，淤泥就会泛起，无论探险者佩戴的照明灯有多明亮，也会完全看不清方向。在这里丧生的人，大多数是迷失方向而造成的。

探险家都以探索未知蓝洞为荣，但未知蓝洞的凶险却也令人毛骨悚然。现在巴哈马群岛的蓝洞只有大约 20% 被探索过，但是却没有一处洞穴被完全征服，蓝洞探险的凶险可见一斑。探索蓝洞时，每一个探险者都必须系一根钢丝。无论探险者的本领有多么高强，这根钢丝都是探险者的生命线。钢丝拉到头意味着探险者已到达了潜水的极限，若继续潜游，那就是名副其实的“向死而生”！

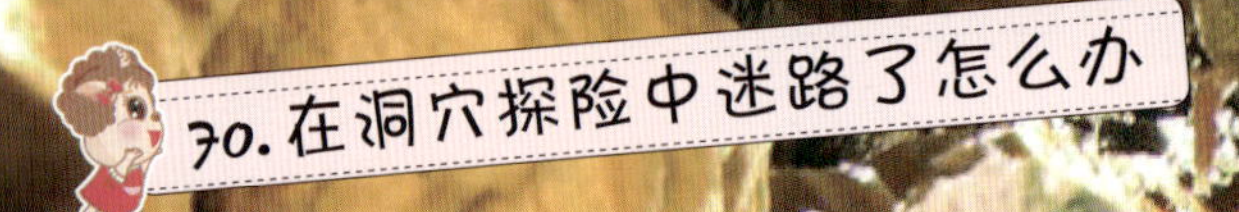

70. 在洞穴探险中迷路了怎么办

迷路是洞穴探险中可能遇到的最常见也是最危险的情况。复杂的洞穴系统，常常令不知方向的探险者不知所措。当发现迷路以后，黑暗的环境更是会一点点蚕食探洞者生存的希望。那么在这种情况下，最科学的求生方法应该是怎样的呢?

如果在洞穴中迷路了，请千万要记住一点—— 一定不要惊慌！不管探险者用什么方法都一定要使自己冷静下来！洞穴中封闭的环境和恐怖的黑暗，在探险者遇到绝境的时候会轻而易举地击溃很多人的心理防线。之后他们就会异常暴躁，盲目乱撞，甚至失去理智。如果出现这种情况，会大大降低探洞者生存的希望。

冷静下来后，探险者们需要做哪些工作呢? 首先，队长要把所有人都召集起来，尽量平复所有人的情绪，然后让最有经验的队员合理地来分配饮水和食物。接下来，大家一起来回忆一下自己认为可能正确的道路，因为有可能这其中就有出洞的希望。之后，有次序地依次探索这些道路，但是一定要记住不能分开探索！并且在探路的过程中要做好标记，以保证在探洞失败的情况下依旧能够回到原处。当然进行这一切活动的前提是在有灯光照明的情况下，如果没有，那就只能乖乖地待在原处保持体力，以等待救援了。记住，无论什么时候都要坚信：奇迹在下一秒就会出现！

当然，为了避免这种情况的出现，在探洞前探险者要进行更加缜密的准备工作以及更加刻苦的训练。只有这样才能保证探险者在任何情况下都能从洞穴中全身而退！

复杂的洞穴系统常常让探险者迷路

71. 你知道想要加入纽约探险家俱乐部有多难吗

有那么一群人，他们喜欢黑暗和幽闭的地下空间，喜欢体验丧失方向感后带来的刺激，喜欢挑战陌生溶洞带给人们的无形压力。他们就是无所畏惧的探险家。世界上有许多探险家组织在美国的曼哈顿区，有一个所有探险家都仰望的组织——纽约探险家俱乐部。

这个俱乐部成立于 1904 年，是世界上最杰出的探险组织。它的历史本身也被认为是人类征服自然、挑战自我的大事记。那么究竟都是些什么人才能得到入会资格呢？纽约探险家俱乐部的入会资格与贫富和背景无关。但这并不是说它的入会比较简单，若有人想要入会必须得有拿得出手的成绩，也就是说对科学和实地考察做出相对较大的贡献才可以。

中国探险家黄怒波就是这个俱乐部中的一员。黄怒波是世界上实现“7+2 最高梦想”的仅有的 15 个人中的一员。什么是“7+2”呢？就是足迹需要遍及七大洲的最高峰和地球的两个极点。凭借这样的成绩才可以加入俱乐部，其加入难度可见一斑。

72. 在洞穴探险中的摄影有哪些基本技巧

在洞穴探险和旅游中经常会见到令人震撼的场景，这时人们常常会强烈地希望能把所见景象永远保留下来。但是在洞穴中拍摄过的人都知道，虽然溶洞中景色很美，但是经常拍不出预期效果。是不是有什么技巧可以辅助提高拍摄水平呢?

首先，一定要带三脚架。因为拍洞穴中景色的时候用几秒或者几十秒的曝光时间是必需的，尽量要加长曝光的时间，这样可以获得比较好的色调。并且要加大光圈，这样才会拍出比较漂亮的洞穴景观。其次，尽量带上快门线或无线快门遥控。或者用定时自拍功能也可以。这些都可以帮助拍出更加稳定、清晰的照片来。另外，闪光灯会把溶洞中的照明色彩和自然阴影闪没了，所以不推荐使用。最好用广角镜头。用焦距较短的镜头会更好一点，洞穴中一般都地方十分狭窄，长焦的镜头往往很难施展。

下次拍溶洞景观的时候尽量准备好器材，相信一定可以拍出令人满意的照片，到时候人们也就能永久珍藏了！

一代“游侠”徐霞客在纵情山水的道路上一骑绝尘，令难断红尘的我们望尘莫及。但钟情大自然的血液却早已开始慢慢地在很多人心中沸腾……把越来越多的人推向了大自然母亲的怀抱，溶洞旅游也在这种情况下应运而生了！于是我们才看到那举世无双的奇、那妩媚多姿的秀、那磅礴宏大的壮观、那沧海桑田的厚重、那余音绕梁的韵味……

第六章

溶洞游赏

73. 溶洞旅游为什么这么火

喜欢旅游的人越来越多，溶洞旅游吸引了很多人的注意。那么究竟溶洞旅游有什么好处，使得如此多的游客流连忘返呢？

要说起溶洞旅游，还真的有特别不一样的吸引力。如果说登山是贴近了大自然的皮肤，那么溶洞旅游就是进入大自然的心脏！漫步在地下深处，感受着大自然最淳朴的心跳，谁说这不是一种很好的休闲方式呢？溶洞中鬼斧神工的自然造型常令旅游者惊叹不已。人工的建筑早已使得人们审美疲劳，或许只有大自然这一另类的设计师才能使得我们重新兴奋起来！溶洞冬暖夏凉的特性使得饱受酷暑煎熬的人们终于找到了心仪的避暑胜地。游赏的时候，既能在高温的夏天享受到丝丝的清凉，又能看到数不胜数的美景，是不是很诱人呢？溶洞中厚重的历史气息可以给人以别样的思考——我们从哪里来？又究竟会到哪里去……千万年前的洞穴壁画，记录着这里的过客曾经过着怎样的日常生活。溶洞给人们打开了一扇可以了解远古世界的“窗户”。

溶洞旅游方兴未艾，也正以潜移默化的方式改变着我们的旅游生活。

74. 溶洞里面五颜六色的光影是怎么来的

通过影像看见过溶洞景观的人都会有这个印象：镜头中那绚丽的颜色像轻搭在溶洞上的薄薄的轻纱，随着镜头的切换不停地变换着，把本就神秘的它烘托得愈加梦幻……

其实这一切都要归功于溶洞中的灯光！溶洞未开发前都是黑魆魆的一片，是灯光赋予了溶洞景观以色彩，让它们多姿多彩地展示在人们的面前。想象一下，当你刚进到一个溶洞的洞口，就有那缥缈的雾气氤氲而来，仿佛误入“蓬莱”仙境一般。进入洞中，那五颜六色的灯光恰如其分地打在溶洞中最奇特的造型处，使本就活灵活现的溶洞景观更加梦幻，随后五彩的灯光演绎着日落日出、风声鸟鸣、水流花开、电闪雷鸣……

溶洞内的照明设施主要是 LED 灯，因为强光和产生的热都会对溶洞内景产生不可修复的创伤，所以溶洞中的照明设施有它自己独特的要求。既要低碳环保，又需要灯光明亮且没有刺激性，并且灯光还不能产生大量的热，还要有超强的可观赏性。这几点缺一不可，所以溶洞中的全套照明设施一般都价格不菲。

溶洞中的内景，充分表现了大自然那无尽的想象力，也在无心间经历了数万年的风风雨雨，而溶洞中的灯光让溶洞景观显得更加璀璨炫目。

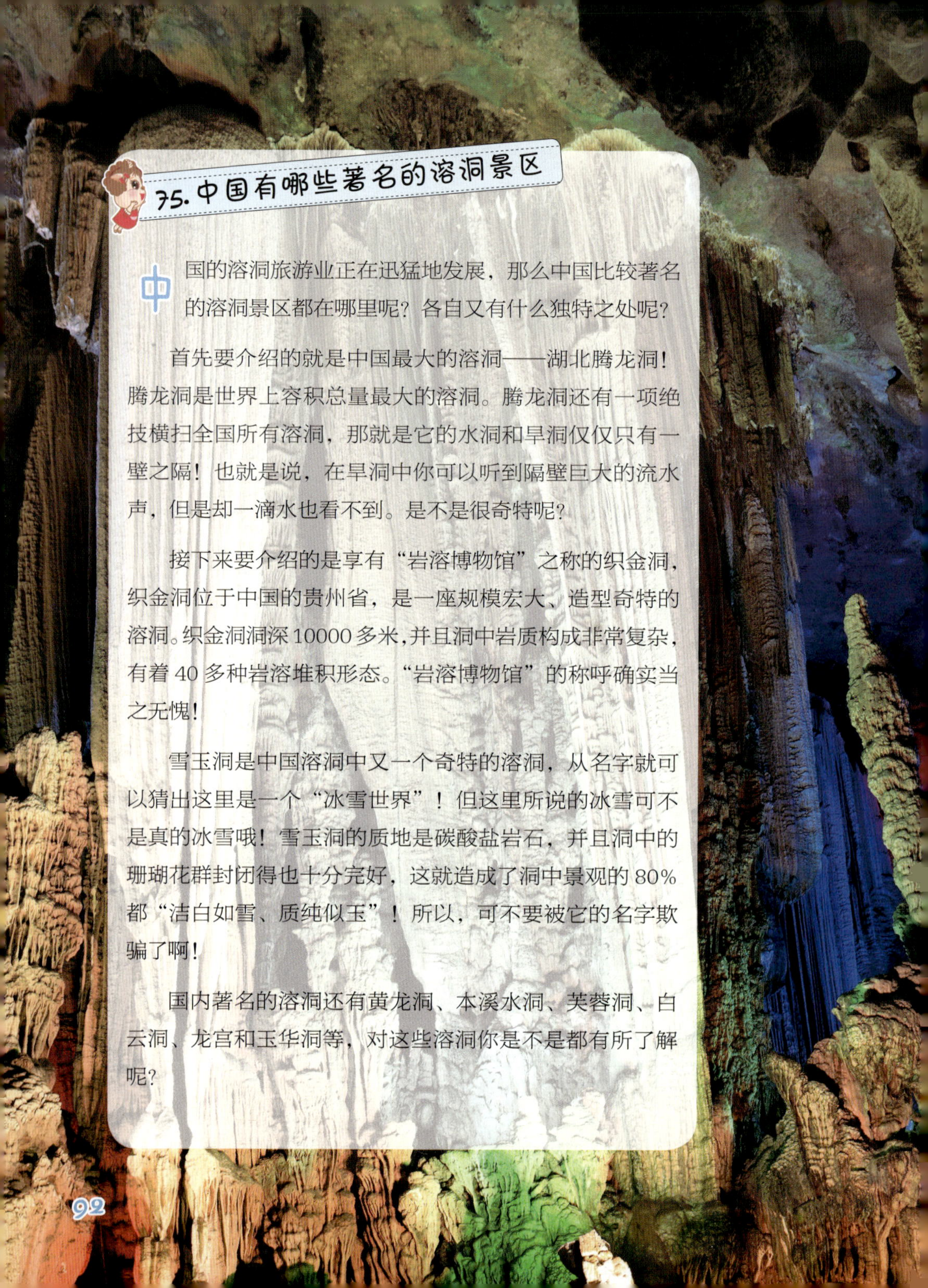

75. 中国有哪些著名的溶洞景区

中国的溶洞旅游业正在迅猛地发展，那么中国比较著名的溶洞景区都在哪里呢？各自又有什么独特之处呢？

首先要介绍的就是中国最大的溶洞——湖北腾龙洞！腾龙洞是世界上容积总量最大的溶洞。腾龙洞还有一项绝技横扫全国所有溶洞，那就是它的水洞和旱洞仅仅只有一壁之隔！也就是说，在旱洞中你可以听到隔壁巨大的流水声，但是却一滴水也看不到。是不是很奇特呢？

接下来要介绍的是享有“岩溶博物馆”之称的织金洞，织金洞位于中国的贵州省，是一座规模宏大、造型奇特的溶洞。织金洞洞深 10000 多米，并且洞中岩质构成非常复杂，有着 40 多种岩溶堆积形态。“岩溶博物馆”的称呼确实当之无愧！

雪玉洞是中国溶洞中又一个奇特的溶洞，从名字就可以猜出这里是一个“冰雪世界”！但这里所说的冰雪可不是真的冰雪哦！雪玉洞的质地是碳酸盐岩石，并且洞中的珊瑚花群封闭得也十分完好，这就造成了洞中景观的 80% 都“洁白如雪、质纯似玉”！所以，可不要被它的名字欺骗了啊！

国内著名的溶洞还有黄龙洞、本溪水洞、芙蓉洞、白云洞、龙宫和玉华洞等，对这些溶洞你是不是都有所了解呢？

76. 世界上比较著名的溶洞奇观你知道多少

世界上有很多漂亮的地方，如威武的高山和壮丽的平原，可怕的丛林和美丽的森林，但是很少有溶洞这种“精致”的漂亮，溶洞的这种漂亮体现在它的每一个角落都是经过大自然精心雕琢的。

美国的欧若恩多加洞穴是非常别致的溶洞。说这个洞穴别致真是一点都不夸张。你能想象像“结肠”一样的溶洞吗？在这里，你可以看到那些像人体结肠一样的钟乳石，来到这里就像是进入一个巨大的人体内，给人别样的旅行感触。

挪威的海蚀洞是一个隧道形洞穴，位于涨潮和落潮位置之间，破坏性的海浪不断地冲击岩层，形成了这个内部显得十分光滑的洞穴，就像是被烧熔的玻璃一样。人站立在其中，环视光滑的四壁，感觉蔚为壮观！

斯洛文尼亚的斯科契扬溶洞，是喀斯特高原上的一处奇观。洞内到处是高悬的钟乳石和挺拔的石笋，有的像巨大的宝石花，冰清玉洁，有的似圣诞老人，笑容可掬，或似雄狮下山，或如飞鸟展翅，五光十色而又千姿百态。并且还有一条落差 150 多米的冰冷河流从洞底流过，非常惊人！

还有越南蚀洞、苏格兰的芬格洞穴、伊朗的阿里·萨德尔岩洞和摩洛哥洞穴都是风景奇特的世界著名溶洞。

77. 中国最长的溶洞有多长

中国最大的溶洞是腾龙洞。你知道中国最长的溶洞是哪一个吗？你知道它究竟有多长吗？

中国最长的溶洞是位于贵州省绥阳市的双河洞。“双河”取名于洞中的一条水系名字——双河原，双河洞也由此得名。目前双河洞已被探明的长度约为162千米，是中国最长的洞穴，在亚洲仅次于马来西亚的瓜爱尔杰尼赫洞。

这个洞到底有多长呢？这么说吧，让世界上跑得最快的人以最快的速度跑完整个洞穴也要用4个多小时！在这个漫长空间里，探险家已经探明了四层洞穴、五条地下河和23个洞口，并且这还不是全部，很多地方还没有探索到。这是多大的溶洞啊！

双河洞的特点是“洞上有林，林下有洞，洞上有洞，洞下有洞，洞中套洞”。“林”就是指洞穴外那广袤的原始森林，双河洞景区的森林覆盖率达到了惊人的60%，可以说到处都是林荫片片。在这浓郁的“绿色海洋”里甚至还发现了有珙桐、红豆杉和鹅掌楸等古老植物的身影。

双河洞不愧是“中国第一长洞”！

78. 黄龙洞为什么被誉为“溶洞百科全书”

无论在哪个领域，“全能”都被人敬仰。在溶洞界，也有这样一个传奇景观，被称为是世界溶洞的“全能冠军”，你知道它是谁吗？

这个“全能冠军”就是位于中国湖南省张家界武陵源景区的黄龙洞。那么它为什么被称为“全能”呢？这就得说说黄龙洞的内部景观了。

目前，黄龙洞已被探明的洞底总面积为 10 万平方米。洞体也是四层，其中有 1 库、2 河、3 潭、4 瀑、13 大厅、98 廊，以及几十座山峰、上千个白玉池和近万根石笋。美不胜收的石柱、石钟乳更是琳琅满目。这还不是全部！在那宽阔的龙宫厅中，有不可计数的石幔、石枝、石管、石珍珠和石珊瑚。只要是关于溶洞你能想到的形态，在这里就没有找不到的！你是不是被震惊了呢？

黄龙洞有着相当规模，溶洞形态较为齐全，景观多样繁杂，几乎包揽了洞穴可能有的全部内容，它本身就是一部活脱脱的“溶洞百科全书”！

在这座大自然的“魔宫”里，目前开发了龙舞厅、响水河、天仙瀑、天柱街、龙宫、迷宫六个游览区。黄龙洞目前的主要景观有定海神针、万年雪松、龙王宝座、火箭升空、花果山、天仙瀑布、海螺吹天、双门迎宾、沧海桑田等，是中国最著名的溶洞景观之一！

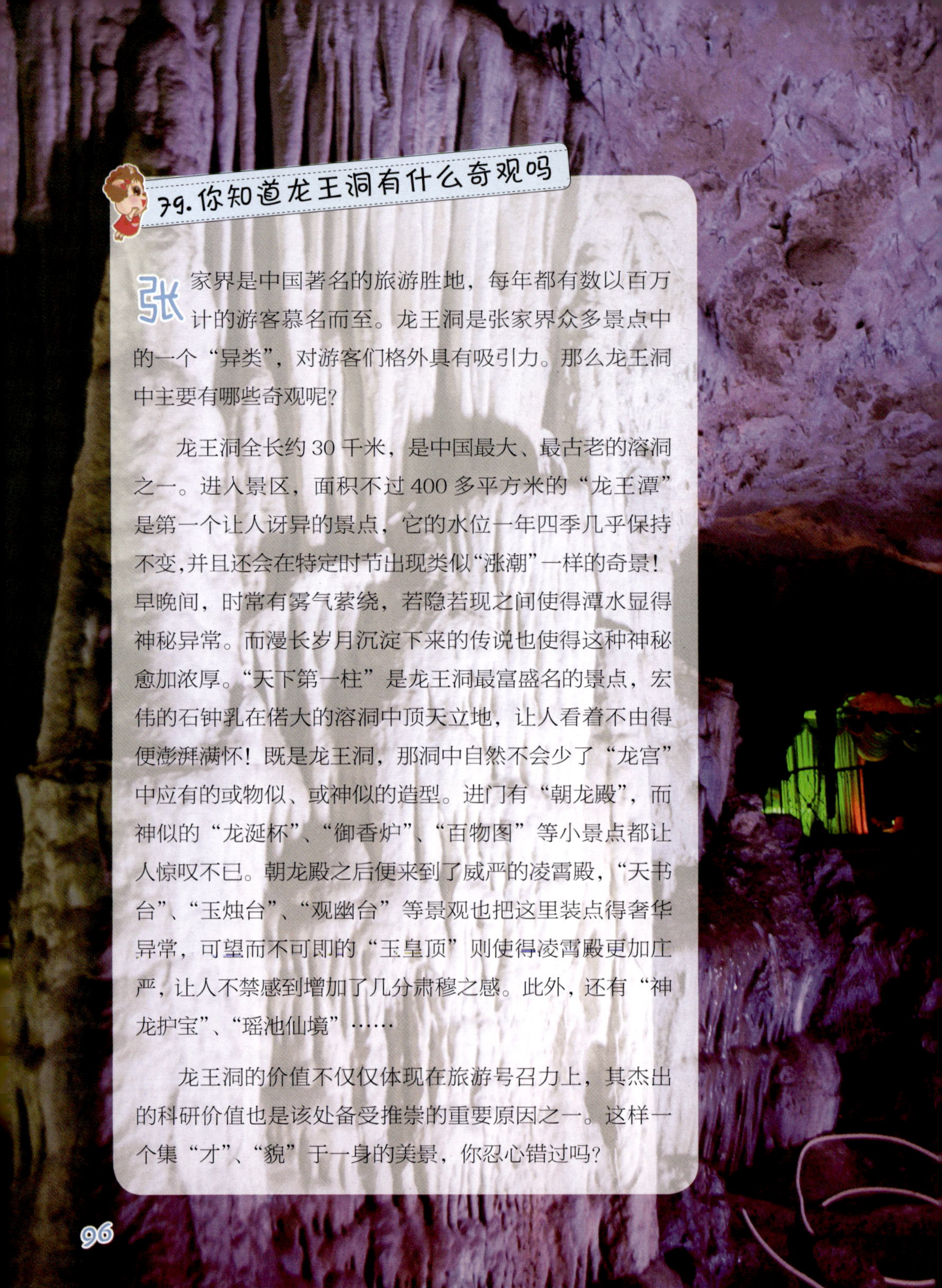

79. 你知道龙王洞有什么奇观吗

张家界是中国著名的旅游胜地，每年都有数以百万计的游客慕名而至。龙王洞是张家界众多景点中的一个“异类”，对游客们格外具有吸引力。那么龙王洞中主要有哪些奇观呢？

龙王洞全长约30千米，是中国最大、最古老的溶洞之一。进入景区，面积不过400多平方米的“龙王潭”是第一个让人讶异的景点，它的水位一年四季几乎保持不变，并且还会在特定时节出现类似“涨潮”一样的奇景！早晚间，时常有雾气萦绕，若隐若现之间使得潭水显得神秘异常。而漫长岁月沉淀下来的传说也使得这种神秘愈加浓厚。“天下第一柱”是龙王洞最富盛名的景点，宏伟的石钟乳在偌大的溶洞中顶天立地，让人看着不由得便澎湃满怀！既是龙王洞，那洞中自然不会少了“龙宫”中应有的或物似、或神似的造型。进门有“朝龙殿”，而神似的“龙涎杯”、“御香炉”、“百物图”等小景点都让人惊叹不已。朝龙殿之后便来到了威严的凌霄殿，“天书台”、“玉烛台”、“观幽台”等景观也把这里装点得奢华异常，可望而不可即的“玉皇顶”则使得凌霄殿更加庄严，让人不禁感到增加了几分肃穆之感。此外，还有“神龙护宝”、“瑶池仙境”……

龙王洞的价值不仅仅体现在旅游号召力上，其杰出的科研价值也是该处备受推崇的重要原因之一。这样一个集“才”、“貌”于一身的美景，你忍心错过吗？

80. 为什么说雪花洞“世界罕见”

在中国巩义市，有一个全长仅1000多米的溶洞。这个长度在国内外都是普通得不能再普通的规模，但是去过那里的人们都会觉得非常罕见，对这个“娇小”的地下世界赞不绝口！它就是雪花洞。

雪花洞的体型在地大物博的中华大地上并不显眼，甚至于有一点太小了。但是当你进入洞穴之后，就会发现原来别有洞天。既然名为雪花洞，洞中最奇特的景观就是那异常壮丽的雪花走廊了。在这长达 173 米的华丽走廊中，晶莹剔透的石花镶嵌在洞顶和洞壁上，石葡萄和石珊瑚则像透亮的珍珠般点点缀满了所有的视觉空隙，片片的鹅毛大雪般的石景堆积在洞壁上，就像两扇巨大的玉屏！放眼望去，玉色斑斓，碧光银花，鸟语花香……不由得就使人心旷神怡！

洞中终年恒温，保持在 15 摄氏度左右，温度怡人！这样寂静优雅的风景，也难怪会引来游客接踵而至了。

雪花洞这般天生丽质的洞穴，恐怕是不大多见吧，所以说它“罕见”也是名副其实的。

81. 京东大溶洞为何被称为“千古奇观”

“赏千古奇观，解千古之谜”，你知道这是用来赞誉哪个洞穴的吗？没错，就是京东大溶洞！那么它又凭借什么摘得“千古奇观”的桂冠呢？会是浪得虚名吗？还真不是！

京东大溶洞的洞龄保守估计超过了 15 亿年！你可以想象这段时间的久远，这“千古”算是实至名归了吧。

神似浮雕艺术的洞穴岩壁是京东大溶洞的重要特色。“龙绘天书”中那片片浮云、朵朵神莲、簇簇巨菇让人不由得拍手称赞，“鬼斧天工”也不过如此吧。而五位仙女形象跃然墙上的“飞天壁画”则让人不由得生出祥和之感，仙女身后甚至还依稀可见那花草丛生的后花园，不得不令人感叹这“天赐之笔”！

石花是溶洞中的一大奇景，因为形成条件极其苛刻，所以十分罕见，但在这里你却可以一饱眼福。就连其他溶洞中最常见的石幔，在这里都“玩”出了花样：不同的石幔可以发出不同的声响，而那放眼望去数也数不清的石幔俨然已是一个豪华的“编钟乐团”！配合洞中那千奇百怪的石钟乳和各式的“壁画”，随便的一曲都让人不由得心醉不已……所以这“奇”倒也算是名副其实。

京东大溶洞的奇特之处还不仅如此，绚烂的五龙潭、苍凉的通天峡、古朴的栈道……一个个令人惊艳的奇景，簇拥呈现在这“千古奇观”之中，似乎也在诉说那亿万年来岁月的故事……

82. 为什么说“织金洞外无洞天”

“黄山归来不看岳，织金洞外无洞天。琅嬛胜地瑶池境，始信天宫在人间。”这是作家冯牧对织金洞的评价。那么究竟是怎样壮丽的景色使得“织金洞外无洞天”呢？

织金洞有一个美誉——“溶洞之王”。如此霸道的称呼是如何得来的呢？

织金洞是一个名副其实的“岩溶博物馆”：拥有超过 70 万平方米的游赏面积；有 40 多种复杂的岩溶堆积形式，几乎各种岩溶形式在这里都可以找到。

“气势恢宏”是织金洞给人的第一印象。洞深达 1 万余米，洞中的高度可达 50 米，洞宽则可以达到惊人的 170 多米。洞中的石钟乳也是动辄十几米高。这样的规模，即使是放到世界级的溶洞中，也是非常显赫的！金塔宫中的塔林世界目前是该洞中最大的景观，洞厅的总面积超过了 1.6 万平方米。而在这片广阔的区域里则是“高塔林立”，平均高度达到 40 米左右的堆积物超过 100 座，把整个厅堂衬托得雄伟异常，让人放眼望去不禁啧啧称奇。

织金洞中还有一个“压洞之宝”，那就是 17 米高的“银雨树”。该景观整体是由十分罕见的卷曲石凝聚而成的，挺拔秀丽，极为养眼！

华夏大地溶洞林立，相比而言各有各的娇、各有各的媚、各有各的奇、各有各的绝，而织金洞更为出类拔萃。当然，织金洞的科研价值更是不可估量。你如若还有所怀疑，就亲自来验证吧！

83.上万个溶洞汇合在一起会是什么样子呢

你可以想象一处景观有上万个溶洞融合在一起吗？你能想象出那是何等的错综复杂吗？梅山龙宫，就有这样的溶洞奇观！

提起湖南的溶洞，很多人听过它如雷贯耳的名字——梅山龙宫。在这里有一个传说。在上古时期，黄帝登上熊山后把钟灵毓秀的九龙峰变成为九条霹雳青龙。这九条青龙终日到处游览，万般戏耍，好不快活。有一天它们来到了梅山这里，被这里的撩人灵气所吸引，于是水中游、山中舞、洞中栖，一住就是上千年。根据传说，人们便把这里的洞穴命名为梅山龙宫。

梅山龙宫一共有九层，就像是一幢巍峨的阁楼一般矗立在地下。其中的溶洞更是达到了上万个之多！但这丝毫没有影响到洞体的安全性和洞中空气的流通。清新的空气让人在游览那美不胜收的洞景之时倍感心旷神怡！“水中金山”是梅山龙宫中最秀丽动人的美景，无数石鹅管和钟乳石倒悬洞顶，与底部浑然天成的瑶池遥相呼应。而瑶池水面水平如镜，倒映着洞顶的绝世美景，把整个景点都渲染得浑然一体，韵味十足！

此外，梅山龙宫中还有那规模宏大的洞府云天、那惟妙惟肖的“哪吒出世”、那独一无二的非重力沉积、那曲折狭窄的碧水莲宫……无不妩媚多姿，这些层出不穷的美景也把梅山龙宫烘托得愈加华美、壮观。

这里有妙不可言的美，这里有举世无双的奇，这里有层出不穷的瑰丽，这里有不胜枚举的秀美，这里就是梅山龙宫！

84. 长白山迷宫溶洞究竟有多长

长白山是中国的"东北屋脊"，在这座钟灵毓秀的北方圣山上，有一座迷宫般的溶洞——长白山迷宫溶洞。这个溶洞至今依旧笼罩着神秘的色彩。

长白山溶洞形成于约6亿年前，分为上下两层，其中洞穴众多，并且上下贯通，曲折环绕，纵横交错，洞中有洞。迷宫般的洞穴结构给了这个溶洞更加扑朔迷离的特色，如果没有专人引导，其他人是很难从原路返回的，因此才取名为长白山迷宫溶洞。洞中各种钟乳石、石笋和石瀑布组成了洞中独有的景观，像"神龟斗鳄鱼""万里长城""人参仙女""送子观音""童子拜佛"等造型奇特的钟乳石雕群都是洞中比较著名的景点。此外，这里还有一个"夏日冰洞"，酷暑结冰，寒冬融化，十分稀奇！

但是，长白山迷宫溶洞的神奇可不仅仅只有这些景观哦！在溶洞中你会听到那潺潺的流水的声音，十分祥和，但是遍寻洞中却看不到一丝流水的痕迹，原来溶洞下还发育有地下暗河，那潺潺的流水就是从地下传来的，但是目前我们却依旧无法找到溶洞中那地下暗河的流向，这也成为这里的一个自然未解之谜。另一个未解之谜就是长白山迷宫溶洞究竟有多长，虽然科学界已组织了多次考察活动，但是由于洞中复杂的迷宫结构，至今我们依旧不知道这个溶洞的实际长度……

这些未解之谜就像是笼罩在溶洞上的撩人面纱，把它们衬托得更加神秘。

85. “奇风洞”真的会“呼吸”吗

你见过会像人一样不断“呼吸”的洞穴吗？

在云南石林的西北方向，就有这样一个直径只有1米的洞穴，我们叫它“奇风洞”！每年雨季到来，雨水丰沛，当流水涌动时，奇风洞就开始“呼吸”了——“呼”“吓”“呼”“吓”……像一头疲倦的老牛在不停地喘息，又像一个累极的农夫在不停地喘着粗气，“呼”“吓”“呼”“吓”……如果这时候你用泥巴把它封住，马上就会被它毫不费力地给吹开，然后继续舒畅地“呼吸”……而这时候安静的大地也会突然间尘土飞扬、长声呼啸，并且伴有隆隆的流水声，似乎随时都会有洪水巨浪从洞口喷涌而出。但是你定眼一看，却又看不见一滴水的影子。有时候，奇风洞会发出巨大的呼啸声，使洞前的人置于狂风之中，就像暴风骤雨将要来临一般！这究竟是怎么回事呢？难道洞穴中真的有一头巨兽在呼吸吗？

这还不是当地仅有的稀奇之处，就在奇风洞的下面，有一条地下河从洞口汩汩而出，河水清澈透明，之后注入一个较深的落水洞中，这个落水洞却是大有看头！随着河水慢慢地注入，洞中水位逐渐上升，达到一两米后水位会猛降下去，并且伴有雷鸣般的响声，四五分钟后恢复原状。之后周而复始……

下面就是解开谜底的时候了！原来“奇风洞”和落水洞是相通的，而落水洞是一个葫芦形状的虹吸泉，洞口正好就是葫芦嘴，这样水流到葫芦嘴形成堵塞，从而使葫芦中的气体从“奇风洞”喷出，之后水流下后气体又从“奇风洞”回填，这样就形成山上“奇风洞”、山下“虹吸泉”的奇妙景象了！

86. 七星岩石洞的摩崖石刻是怎么来的

在广东省肇庆市的号称“岭南第一奇观”的七星岩景区内，有着独具特色的喀斯特溶岩地貌。在这里，七座石灰岩山峰分布在五个风光旖旎的湖中。七座山峰中多有溶洞存在，其中比较著名的溶洞有八个，它们都各具特色，而碧霞洞则是七星岩溶洞中最长也是最美的一个。它多为世人所称道，大概就是因为这里不光有美丽的自然风光，还具有浓厚的人文气息的摩崖石刻景观。

石室洞位于石室岩中，由龙岩洞、碧霞洞和莲花洞三个溶洞构成。这三个溶洞除了由钟乳石、石笋和石柱形成的各种瑰丽自然景观外，还有着浓厚的人文气息，在其洞壁上和洞外均布满了摩崖石刻，使得石室洞在中国声名远播。

在石室溶洞内外有着自唐代到宋、元、明、清乃至近现代的摩崖石刻共 400 多件，称得上是石刻艺术的宝库。从唐代初年的书法家李邕游览完石室洞镌刻下《端州石室记》开始，宋代的包拯、明代的汤显祖和屈大钧、清代的袁枚等历史名人也都在这里留下过题刻手迹，更不用说其他历朝历代的文人墨客和络绎不绝的游人所刻写的诗词歌赋、骈文游记、对联题名等。这些石刻的字体，既有篆书和隶书，又有行书、楷书和草书。在形刻方面，既有右行和左行，又有横幅、直幅和压刻等。这里简直就是碑刻和书法艺术的殿堂。

87. 桂林的芦笛岩洞为什么被称为桂林山水中的“璀璨明珠”

世人皆知“桂林山水甲天下”，而在久负盛名的桂林山水中，又有“芦笛美景堪最佳”的说法，这里的“芦笛美景”指的就是有桂林山水中的“璀璨明珠”之称的芦笛岩。

作为“世界最美的十大洞穴”之一，芦笛岩溶洞位于广西桂林市西北郊区，坐落在桃花江畔的光明山南麓。在漫长岁月的地质变迁中，大自然的鬼斧神工造就了各种奇观。那么备受赞誉的芦笛岩溶洞有什么独特之处呢?

芦笛岩所处的区域在一百万年前曾是一个地下湖，大约在70万年前，随着地壳的不断运动，逐渐形成了山洞。地下水沿着岩石的破碎带不断地流动溶蚀，渐渐蒸发、沉淀、堆积，进而形成了溶洞中的各种胜景。自唐代至今，芦笛岩溶洞留下了各朝各代的探险者和游人的踪迹。在其被开发重建后曾接待了一百多位中外领导人和政要，是名副其实的“国宾洞”。

在这个深约240米，游程大概500米的天然溶洞中，保存着自唐代以来的170多则壁书，为我们了解芦笛岩的历史提供了直接的依据。而千姿百态、包罗万象的钟乳石奇观更令芦笛岩成为一座“大自然的艺术之宫”。整个溶洞内共分四个洞天，包括“石幔层林”“天柱云山”“水晶宫”和“曲径画廊”。洞内有诸如“红罗宝帐”“狮岭朝霞”“高峡飞瀑”“原始森林”“远望山城”“盘龙宝塔”“帘外云山”“瓜菜丰收”等30多处美妙景观，令游人叹为观止、流连忘返。既有自然奇观，又有文化底蕴，家喻户晓的芦笛岩洞穴是当之无愧的桂林山水中的“璀璨明珠”。

88.内乡天心洞中的五彩岩石壁画是谁画的

宝 天曼国家自然保护区位于河南省西南部的南阳市内乡县。在其南部的七里坪乡三道河村孤独垛的半山腰，有一个十分奇特并且罕见的大理岩溶洞——天心洞。天心洞的洞口径直敞开对着天空，已探明的可开发的面积有五万多平方米，目前已经开发了两万多平方米。它是中原地区数一数二的大型天然溶洞。

天心洞的独特之处不仅在于它是一个大理岩溶洞，更令人惊叹的是洞内的条带状大理岩在漫长的地质变迁岁月中所形成的多彩岩石壁画。大自然的鬼斧神工，造就了天心洞独特的地貌和绮丽斑斓的色彩，有着不同颜色和线条的大理岩错落有致地交织在一起，勾勒出一幅幅绚丽多姿的岩石壁画。这是大自然的美妙手笔，也是自然赋予人类的瑰宝，它也因此被誉为“溶洞一绝”“天然的壁画宫殿”。

在天心洞众多的天然岩画中，有三幅作品最负盛名。其一是刚进入洞中时位于洞顶附近，在灰色条带大理岩中，由黑色条带大理岩自然形成的，酷似草书“天心”二字的岩画，天心洞也是由此而得名的。第二幅是“人鱼传说”，它是由深浅不一的巧克力色大理岩花纹形成的，类似象形字“人”和“鱼”的岩画。第三幅就是“远古情话”，浅灰色和蓝色大理岩条带共同描绘出一对情侣深情对望的图景。除此之外，“水墨山庄”“灵蛇吐珠”“冰峰雪域”“天门雄狮”“龙凤呈祥”和“啸天犬”等岩画也都惟妙惟肖、精彩纷呈。

在天心洞的洞底，也集中分布着由石钟乳、石笋和石柱等形成的各类造型，似乎在诉说着久远的地质年代的故事。

89. 韩松洞有什么奇观异景

你想过自己有可能去到童话世界中的“巨人王国”吗？韩松洞让这个想法变成了现实。韩松洞位于缅甸和老挝的边境处，它的入口掩藏在郁郁葱葱的丛林深处，若不是偶然被发现，可能我们永远都看不到如此壮丽的景象。立身站在韩松洞的中央，头顶上那硕大到难以想象的钟乳石“吊灯”突兀地张望着，又像是一个巨大的八爪章鱼蜷缩在洞顶。240 米高的洞顶使视野非常辽阔，也使得游人的心骤然缩紧！楼房般大小的石笋疏密有致地矗立在远处，扑过去的灯光没走多远便被吞噬了。游人都呆呆地立在那里，就像是一个个误闯入巨人王国的小矮人，贪婪地用目光观赏着这旷世的壮丽！在这一刻，人是多么的渺小……

韩松洞不是最大的洞穴，因为有猛犸洞。韩松洞也不是最深的洞穴，因为有乌鸦洞。但是韩松洞绝对是世界上最壮丽的洞穴之一！那壮丽的溶洞走廊足足有 4 千米长，宽度都在 90 米以上！洞顶更是达到了惊人的 200 米！这样的奇观景象是用语言很难描述的，能准确描述的恐怕只有我们心中那战栗的敬畏！

如果你希望一睹童话世界的风采，想象自己能到一个“巨人王国”去游历，那么韩松洞绝对是很好的选择！

90. “音乐洞”是怎样奏响音乐的

在苏格兰的斯塔法岛，有一个叫芬戈尔的溶洞。这个溶洞中没有浩大的洞穴空间，没有壮丽的石钟乳，也没有绚丽的石花，但是每年却依旧吸引数万人千里迢迢地赶到那里去一睹它的真容。这个洞有什么独特之处呢？原来这个不起眼的溶洞居然会“唱歌”！

它就是大名鼎鼎的“音乐洞”。在这个洞穴中，整齐地排列着一层层的六边形玄武岩柱，就像是精心制作的琴键，而洞外小岛的周围，也密密麻麻地环绕着这种鬼斧神工的石柱。大自然这看似不经意的布置，却诞生了最不可思议的奇景！每一天，这个海风泛滥的地方小岛上，都在演奏着最悠扬的竖琴音，这是大自然最深情的倾诉，也是大自然最动情的演出！

许多诗人和作曲家都慕名而来，看着这美妙的景观，灵感忽然而至，之后满载而归！德国著名作曲家菲利克斯·门德尔松在1829年游览之后，作出了他最受人们喜爱的作品《芬戈尔洞》。1847年，英国维多利亚女王也携带着王室成员来到了这里，并且深深地被大自然的奇妙所折服……

那么这动人的音乐是怎么样产生的呢？其实，原理很简单。小岛上海风极大，而经风化产生的六边形石柱又十分紧凑地挨在一起，构成了纯天然的管风琴管子。这样海风环绕石柱在洞中不停地穿梭，悠扬的竖琴音就产生了！

最动人的音乐往往出自最自然的声音，你现在是不是也深有感触呢？

91. 婆罗洲的鹿洞为什么会飞出“蝙蝠龙”

在马来西亚的婆罗洲沙捞越姆鲁山国家公园的地下，有着庞大的天然洞穴网络。其中，在一个名为“鹿洞”的洞穴内，发现了仅次于韩松洞洞穴通道的世界第二长的洞穴通道。“鹿洞”长约2000米，宽约120米，高120米，连喷气式飞机都可以自由穿过。洞穴中的岩石也有着各种美丽的纹路。不过，使得“鹿洞”闻名全世界的反而是它的另外一个称号——“蝙蝠洞”。那么，到底“蝙蝠洞”中有着怎样的奇观，能令它蜚声世界呢？

“鹿洞”本来是森林里的鹿们喜欢集聚栖息的场所，但是很快人们就慢慢淡忘这个名字了，因为堪比东非大迁徙一般的壮丽景象——蝙蝠出洞，越来越吸引人们的注意。每天早上，仿佛是听到了统一的召唤，先是巨大的翅膀扇动的声音，而后就会有一道黑色的“流云”从鹿洞口奔腾而出。这道“流云”就是由上百万只蝙蝠组成的蝙蝠长龙！它们叫嚷着冲出洞穴，却不得不每天都面对惨烈的一幕：饥饿的老鹰们不断地在洞口盘旋，等待着每日的蝙蝠大餐。所以首批出洞的蝙蝠往往冒着被老鹰捕食的危险。当每只老鹰都饱餐一顿后，剩下的蝙蝠长龙才能安全出洞。

鹿洞中大概栖居着十二种蝙蝠，总量有数百万只。这么多的蝙蝠，也使洞中的蝙蝠粪便堆积如山，蝙蝠的粪便堆积出一个100多公尺高的土堆，成为蟑螂和蜈蚣的乐园，甚至连螃蟹都会来这里寻找食物，而游人很难找到立足之地。

互动问答
Mr. Know All

001.溶洞形成的“特定地区”是指以下哪一项？

A.花岗岩地区
B.石灰岩地区
C.片麻岩地区

002.溶洞形成过程是碳酸钙和什么物质反应？

A.二氧化碳
B.水
C.二氧化碳和水

003.下列哪一项不是由石灰岩地区的岩石烧制的？

A.石灰
B.水泥
C.钢铁

004.下列哪一项是石灰岩的生成地区？

A.较浅的海水区
B.深海地区
C.沙漠地区

005.石灰岩的主要成分是什么？

A.碳酸钙
B.碳酸氢钙
C.氧化钙

006.碳酸氢钙在哪种条件下会变回碳酸钙？

A.受热
B.压强增大
C.降温

007.下列哪一项的说法是正确的？

A.碳酸氢钙能溶解在水中
B.碳酸钙在“一般”情况下能溶解在水中
C.碳酸钙在“不一般”的情况下不溶解在水中

008.溶洞主要形成于什么地区？

A.石灰岩地区
B.沉积岩地区
C.火山岩地区

009.溶洞岩石的主要成分是下列哪种？

A.硅酸盐类岩石
B.碳酸盐类岩石
C.硫酸盐类岩石

010.碳酸盐类岩石大约覆盖中国多少疆土？

A.四分之一

B.六分之一

C.八分之一

011.碳酸盐类岩石的两个特殊性能不包括下列哪种？

A.本质脆

B.比较容易溶在水中

C.本质柔软

012.碳酸盐类岩石脆的特殊性能为谁提供了通道？

A.水流

B.二氧化碳

C.空气

013.下列哪一项不是按照溶洞的形态来分的？

A.竖洞

B.平洞

C.气洞

014.按照溶洞的气象特征可把溶洞分为几种？

A.五种

B.六种

C.七种

015.溶洞中寒气逼人，冰柱到处可见的为哪种溶洞？

A.冷洞

B.冰洞

C.气洞

016.溶洞中云雾缭绕，仿佛仙境一般的为哪种溶洞？

A.仙洞

B.冷洞

C.气洞

017.喀斯特是下面哪个汉语的英文发音？

A.岩溶

B.溶洞

C.地形

018.石幔是在地面以上还是地面以下？

A.地上

B.地下

C.有的在地上，有的在地下

019.哪个国家是世界上最早研究喀斯特地貌的国家？

A.美国

B.日本

C.中国

020.中国对喀斯特地貌最早的记载在哪个朝代？

A.晋代
B.汉代
C.唐代

021.喀斯特地貌有几种分类方法？

A.一种
B.两种
C.三种

022.下列哪一项不是按照所在气候分的喀斯特地形种类？

A.热带喀斯特
B.温带喀斯特
C.覆盖型喀斯特

023.当覆盖物是枯枝败叶的时候被称为哪种喀斯特？

A.裸露型喀斯特
B.覆盖型喀斯特
C.埋藏型喀斯特

024.埋藏型喀斯特的覆盖物是下列哪种物质？

A.残积的土层
B.枯枝败叶
C.坚硬的岩石

025.在喀斯特地貌的形成过程中最先形成的是什么？

A.溶沟
B.石柱
C.石林

026.地表水到哪个位置开始水平流动？

A.石灰岩层
B.含水层
C.花岗岩层

027.喀斯特地貌形成有几个阶段？

A.2 个
B.3 个
C.4 个

028.云南路南的石林是什么突出地表的成果？

A.地下溶洞
B.地下河
C.溶沟

029.下列哪一项不属于云南的五大溶洞？

A.九乡溶洞
B.帕庄河溶洞
C.织金洞

030.下列哪一项不属于旱洞型溶洞？

A.龙泉洞

B.七星岩

C.观瀑洞

031.下列哪一项是中国最长的溶洞？

A.双河洞

B.吴家洞

C.织金洞

032.中国实测最深的溶洞是下列哪一项？

A.龙宫

B.九洞天

C.吴家洞

033.世界上最大的溶洞是哪个洞？

A.龙潭洞

B.猛犸洞

C.织金洞

034.猛犸洞全长大约有多少千米？

A.252 千米

B.141 千米

C.341 千米

035.可以推断下列什么人曾在猛犸洞里面居住过？

A.山顶洞人

B.印第安人

C.蓝田人

036.猛犸洞在哪个国家？

A.中国

B.美国

C.英国

037.中国最大的溶洞是哪个？

A.织金洞

B.猛犸洞

C.腾龙洞

038.腾龙洞的哪一项是世界第一？

A.长度

B.面积

C.容积

039.腾龙洞水洞中的地下暗河有多长？

A.约 17 千米

B.52.8 千米

C.59.8 千米

040.腾龙洞终年温度为多少？

A.10 ~ 16 摄氏度
B.14 ~ 18 摄氏度
C.16 ~ 20 摄氏度

041.把溶洞当作避暑胜地跟溶洞的哪个特点有关？

A.历史悠久
B.冬暖夏凉
C.神秘色彩

042.溶洞带给我们远古的启示是从哪里得来的？

A.溶洞中的远古化石和人类遗址
B.溶洞本身的神秘色彩
C.溶洞中的石层

043.人们去溶洞中游赏什么？

A.溶洞造型带给我们的视觉冲击
B.溶洞带给我们的科学启示
C.洞穴探险的神秘

044.下列哪项是错误的？

A.我们在开发溶洞旅游的过程中要注意保护它
B.我们在旅游时要注意爱护环境
C.我们应该无止境地开发溶洞，来获取更大的利润

045.以下哪个溶洞是“冬暖夏凉”呢？

A.湖北省利川市的腾龙洞
B.湖北省白溢寨的“冰洞”
C.山西省宁武县的溶洞

046.腾龙洞的温度特点是什么？

A.终年寒冰
B.冬暖夏凉
C.四季如春

047.以下哪个溶洞终年都覆盖着寒冰呢？

A.湖北省利川市的腾龙洞
B.山西省宁武县的溶洞
C.湖北省白溢寨的“冰洞”

048.“万年冰洞”在哪个地方？

A.湖北省白溢寨
B.湖北省利川市
C.山西省宁武县

049.东中洞穴的奇特之处在哪里？

A.景色优美
B.面积巨大
C.里面居然有一所学校

050.东中洞穴在哪个省份？

A.四川
B.广西
C.贵州

051.东中洞穴溶洞学校现在还有多少学生在上课？

A.几十名
B.十几名
C.几百名

052.东中洞穴溶洞学校最初有多少学生？

A.8 个
B.186 个
C.几十个

053.溶洞中的水可以直接喝吗？

A.可以偶尔喝
B.不可以喝
C.可以经常喝

054.溶洞中的水通常是哪种成分水？

A.硬水
B.软水
C.纯净水

055.下列不属于偶尔饮用硬水会出现的症状的是哪一项？

A.肠胃功能紊乱
B.水土不服
C.神经系统疾病

056.以下哪个是软水的定义？

A.一点儿不含化学成分的水
B.碳酸氢钙等化学物质含量不超标的水
C.碳酸氢钙等化学物质含量超过一定量的水

057.如果在溶洞中发现了热带草原的动物化石，说明当地远古时期气候特征是怎样的？

A.降雨量比较少
B.降雨量中等
C.降雨量比较多

058.下列哪一项研究地球早期气候的方法最复杂？

A.利用化石
B.利用沉积物种类
C.同位素法

059.科学家可以复原远古的气候特征吗？

A.复原较难

B.不可以复原

C.复原较易

060.从远古的沉积物中可以直接获取下列哪种信息？

A.植被状况

B.温度状况

C.降雨量状况

061.下列哪种石景形态不是从下往上“生长”的？

A.石芽

B.石笋

C.钟乳石

062.石芽分为几种形态？

A.两种

B.三种

C.四种

063.石芽和石笋哪种可以“生长”得更高？

A.石笋

B.石芽

C.一样高

064.石芽的形态和分布与下列哪个因素无关？

A.地形

B.岩石的种类

C.地表水的流动

065.钟乳石的“童年”时代是什么形状的？

A.石柱状

B.尖刀状

C.乳头状

066.在钟乳石的形成过程中“搬运工”是谁？

A.地下水

B.地表水

C.自来水

067.形成钟乳石的水是从哪里渗出来的？

A.溶洞顶部

B.溶洞底部

C.溶洞四壁

068.地下水所“搬运”的原材料是什么？

A.水分

B.水中含有的石灰质

C.钟乳石碎末

069.钟乳石和溶洞相比谁的年龄大一点儿？

A.钟乳石

B.溶洞

C.一样大

070.溶洞中最古老的钟乳石大约形成于什么时候？

A.大约 35 万年以前

B.大约 20 万年以前

C.大约 10 万年以前

071.年龄在 15 万 ~ 30 万年的钟乳石颜色是怎样的呢？

A.外表色泽比较深，呈褐色或灰黑色

B.外表色泽比较浅

C.外表色泽比较明亮

072.钟乳石每 1 万年生长多长？

A.1 ~ 20 厘米

B.1 ~ 20 米

C.100 ~ 2000 米

073.石笋最大可以长到多少米？

A.10 米

B.20 米

C.30 米

074.下列哪个不属于石笋的特点？

A.底盘大

B.不容易折断

C.细长

075.钟乳石和石笋会长到一起吗？

A.不会

B.会

076.下列关于石笋的说法错误的是哪一项？

A.石笋比钟乳石“生长”得快

B.石笋和钟乳石相对而“生”

C.石笋和钟乳石没有关系

077.石芽和石笋一样吗？

A.一样

B.不一样

078.石芽和石笋比较，谁的常见形态更多一点儿？

A.石芽

B.石笋

C.一样多

079.石芽和石笋相比谁可以“长”得更高?

A.石笋

B.石芽

C.一样高

080.什么在石笋的形成中起到了决定性的作用?

A.地形因素

B.岩石的种类

C.地下水

081.下列哪一项跟泉华的形成息息相关?

A.石灰岩

B.地下热水

C.泉水

082.下列哪个外界条件不利于泉华的形成?

A.温度升高

B.温度降低

C.压强变小

083.帕姆卡拉大泉台位于哪个国家?

A.希腊

B.美国

C.土耳其

084.对泉华的形成起关键作用的不包括下列哪种植物?

A.苔藓

B.藻类

C.水草

085.石灰华的形成过程通常有几种?

A.1 种

B.2 种

C.3 种

086.下列哪项不是石灰华的特征?

A.多孔洞

B.密度低

C.结构密实

087.石灰华的药用价值主要体现在哪个方面?

A.补血气

B.清热解毒

C.治胃病

088.石灰华用来做盆景利用的不包括下列哪项特征?

A.天生有很多孔洞

B.硬度小

C.有药用价值

089.溶洞中被喻为“落地窗帘”的是什么？

A.石灰华
B.钟乳石
C.石幔

090.石幔的形成和什么的形成比较相似？

A.钟乳石
B.石芽
C.石笋

091.石幔的形成和钟乳石的形成主要不同点是什么？

A.形成的原理不同
B.形成的位置不同
C.形成的原料不同

092.石幔的主要成分是什么？

A.石灰质
B.石头
C.细沙

093.石花有生命吗？

A.有
B.没有
C.有的有，有的没有

094.下列溶洞形态最罕见的是哪一种？

A.钟乳石
B.石幔
C.石花

095.石花的主要成分是什么？

A.碳酸钙
B.细沙
C.植物纤维

096.1厘米的石花一般需要多长时间来形成？

A.几十年
B.几百年
C.几千年

097.探险家们发现最大的人居漏斗之初是为了探索什么？

A.围塔漏斗
B.龙门洞穴
C.太平古城

098.太平古城是在什么朝代建立的？

A.唐代
B.明代
C.清代

099.当初在围塔村设立驿站是为了方便什么交易？

A.石材
B.茶马
C.木材

100.围塔漏斗有一个什么头衔？

A.世界上最大的漏斗
B.世界上最大的人居漏斗
C.世界上最漂亮的漏斗

101.地下暗河存在的标志是什么？

A.落水洞
B.钟乳石
C.石笋

102.流向落水洞的水最终流向了哪里？

A.地下溶洞
B.地下暗河
C.溢出地表

103.下列哪一项会导致落水洞口迅速扩张？

A.水流的腐蚀
B.岩层的崩塌
C.人工影响

104.落水洞形成的区域地下水在哪个方向上流动比较通畅？

A.垂直
B.水平
C.倾斜

105.“神女镜”是什么？

A.显露在地表的溶洞
B.一面美丽的镜子
C.溶洞

106.“神女镜”中的各种形态都是抬出地表后才慢慢形成的吗？

A.是
B.不是

107.地下河道抬出地表的典型例子是哪个？

A.云南路南石林
B.桂林象鼻山
C.京东大溶洞

108.“神女镜”现象主要存在于中国哪个省份？

A.云南
B.广西
C.广东

109.“生物建造说”认为溶洞形成和哪种生物有关？

A.洞穴昆虫

B.蚯蚓

C.藻类

110.溶洞中的藻类会分泌什么物质？

A.钙质

B.蛋白质

C.碳酸盐质

111.以下哪一项不是藻类特点？

A.高级植物

B.能光合作用

C.趋光生长

112.现在的溶洞中还可以找到藻类吗？

A.可以

B.不能

C.只有地面以上的洞中可以找到

113.我们是否可以在实验中模拟溶洞生成过程？

A.可以

B.无法实现

C.有时可以，有时不可以

114.模拟溶洞生成实验原料一共有几种？

A.6 种

B.7 种

C.8 种

115.模拟溶洞实验中生成的物质为什么会向下生长？

A.由于重力作用

B.由于水的流动

C.由于空气作用

116.模拟溶洞生成实验的磷酸三钠溶液百分含量为多少？

A.5%

B.10%

C.20%

117.溶洞中有生命存在吗？

A.有

B.没有

C.有的有，有的没有

118.对溶洞生物的分类不包括下列哪类？

A.动物

B.微生物

C.真菌

119.溶洞中的萤火虫有什么奇特之处？

A.会织网

B.会照明

C.不会飞

120.溶洞中哪类生物的种类最少？

A.动物

B.植物

C.微生物

121.早期人类曾经居住在洞穴里吗？

A.住

B.不住

C.有的种族住，有的种族不住

122.人类居住在洞穴中的主要原因是什么？

A.遮风挡雨

B.捕猎

C.养殖

123.在大多数情况下，原始人类在大自然中处于什么地位？

A.猎人

B.猎物

C.与所有动物和平共处

124.早期人类中的妇女缝补衣服用的什么工具？

A.铁针

B.铜针

C.骨针

125.下列哪一种动物会出现在溶洞中？

A.蝙蝠

B.蝉

C.企鹅

126.溶洞中的蝙蝠是怎样的？

A.外表可爱

B.外表恐怖

C.体型巨大

127.下列哪种动物是在溶洞中找不到的？

A.蝾螈

B.萤火虫

C.麻雀

128.下列不属于溶洞中动物共同特征的是哪项？

A.无眼盲目

B.不能调节体温

C.体型巨大

129.洞穴中的动物真的是因为“害羞”而躲避人类吗？

A.是

B.不是

C.洞穴中动物不躲避人类

130.下面哪一项不是导致洞穴动物“害羞”的原因？

A.身体中有导致害羞的激素

B.对灯光不适应

C.自我保护的本能

131.洞穴动物的哪种感官越来越灵敏？

A.触觉器官

B.视觉器官

C.大脑

132.洞穴内动物种类和洞外相比多还是少？

A.较多

B.较少

C.一样多

133.洞穴中植物主要分布在哪个位置？

A.均匀分布在洞中

B.洞穴深处

C.洞口

134.下列哪种植物属于高等植物？

A.羊齿植物

B.苔藓

C.地衣

135.洞穴中植物有叶绿素吗？

A.有

B.没有

C.有的有，有的没有

136.洞穴植物可以适应完全没有光的环境吗？

A.都可以

B.都不可以

C.有的可以，有的不可以

137.洞穴动物有很敏锐的眼睛吗？

A.有

B.没有

C.有的有，有的没有

138.下列哪一项不是动物适应黑暗环境的方式？

A.视觉特别发达

B.触觉特别敏锐

C.听觉特别灵敏

139.洞穴鱼靠什么来躲避敌害？

A.靠不断抖动的触须
B.靠敏锐的嗅觉和触觉
C.靠敏锐的听觉

140.洞穴鱼和洞穴蟋蟀的探知范围谁的大？

A.洞穴蟋蟀
B.洞穴鱼
C.一样大

141.蝾螈在全球范围内大约有多少种？

A.300 多种
B.400 多种
C.500 多种

142.蝾螈和娃娃鱼哪种是国家二级保护动物？

A.蝾螈
B.娃娃鱼
C.都不是

143.蝾螈靠什么来吸收水分？

A.嘴
B.鼻子
C.皮肤

144.蝾螈生活的环境是怎样的？

A.潮湿
B.干燥
C.水中

145.得克萨斯州盲螈在哪个国家被发现？

A.德国
B.美国
C.中国

146.得克萨斯州盲螈在哪里产卵？

A.地洞中
B.水中
C.树洞中

147.下列哪一项的说法是正确的？

A.盲螈可以生活在陆地上
B.盲螈是水生动物
C.盲螈只能生活在水中

148.得克萨斯州盲螈常吃的另一种盲眼动物是什么？

A.盲鱼
B.盲蟹
C.盲虾

149.第一次发现马达加斯加盲蛇是在什么时候？

A.1905 年
B.2005 年
C.1995 年

150.在猛犸洞发现了下列哪种动物？

A.马达加斯加盲蛇
B.肯塔基盲虾
C.盲眼穴居蟹

151.下列哪种动物外表通体透明？

A.盲眼穴居蟹
B.马达加斯加盲蛇
C.肯塔基盲虾

152.马达加斯加盲蛇喜欢以什么为食？

A.老鼠
B.昆虫
C.蝙蝠

153.谁才是溶洞中的霸主？

A.蝙蝠
B.盲鱼
C.蟑螂

154.溶洞中位于食物链第一级的是哪些动物？

A.微生物和一些菌类
B.蜈蚣和马陆
C.蝙蝠

155.食物链是通过什么关系把动物联系在一起的？

A.居住地远近
B.食物种类
C.吃与被吃

156.蟑螂和蟋蟀可以以下列哪种动物为食？

A.盲鱼
B.蜈蚣和马陆
C.蝙蝠

157.下列哪个不属于洞穴鱼的基本特征？

A.眼睛缩小甚至消失
B.鳞片较小
C.听力灵敏

158.中国最早什么时候发现了洞穴鱼？

A.1842 年
B.1976 年
C.1876 年

159.中国最早在哪个省份发现了洞穴鱼？

A.广东

B.四川

C.云南

160.以下哪个说法是正确的？

A.同一个洞穴中可能存在两种或两种以上洞穴鱼

B.至今未发现同一个洞穴中有一种以上洞穴鱼

C.有的洞穴中有多达 21 种洞穴鱼

161.怀托摩萤火虫洞位于哪个国家？

A.新西兰

B.美国

C.英国

162.怀托摩萤火虫洞中的萤火虫除了会发光还有一个什么奇特技能？

A.会唱歌

B.会吐丝

C.会飞

163.怀托摩萤火虫对什么比较敏感？

A.光线和水

B.声音和水

C.光线和声音

164.怀托摩萤火虫吐的丝有什么作用？

A.可以用来装饰它们的居住环境

B.可以用来做衣服

C.可以用来捕获猎物

165.以下哪种洞穴动物是“出洞即死”？

A.喜穴类洞穴动物

B.真穴类洞穴动物

C.周期性洞穴动物

166.蝙蝠属于哪一类洞穴动物？

A.真穴类洞穴动物

B.周期性洞穴动物

C.喜穴类洞穴动物

167.外来性洞穴动物可以在洞穴深处长期存活吗？

A.可以

B.不可以

C.有的可以，有的不可以

168.下列哪一项是喜穴类洞穴动物？

A.蝙蝠和老鼠

B.鱼和蜘蛛

C.蚯蚓和蝾螈

169.下列哪种生物是洞穴中种类最多的？

A.微生物

B.动物

C.植物

170.下列哪种环境特点有利于微生物的生长？

A.阳光充足

B.阴暗潮湿

C.天寒地冻

171.下列哪种是微生物在洞穴生物中的角色？

A.消费者

B.生产者

C.没有作用

172.微生物独特的进化历程是由什么形成的？

A.自身的基因

B.别的生物的影响

C.相对封闭的洞穴环境

173.根据书中的观点，下列说法正确的是哪一项？

A.现在我们的生活中有微生物制成的药物

B.微生物药物不能直接作用在得病区域

C.现在病毒没有开始适应已有的抗生素

174.微生物制药利用的是什么？

A.微生物本身

B.微生物新陈代谢的产物

C.微生物的巢穴

175.微生物这个“卡车”里装的是什么？

A.人类的毒素

B.其他的微生物

C.抗癌的药物

176.微生物在下列哪种疾病治疗中可以起到重要作用？

A.肠胃和心脑血管疾病

B.呼吸道疾病

C.外伤

177.下列哪一项不是洞穴化石出现的原因？

A.考古人员制作的

B.远古动物的遗体演化而成

C.地质运动带来的

178.在远古时代以下哪种生物不长期居住在洞穴中？

A.人类

B.企鹅

C.熊

179.溶洞中的化石是在哪里形成的？

A.全部在溶洞里

B.有的在溶洞里，有的在溶洞外

C.全部在溶洞外

180.地壳会做剧烈运动吗？

A.一直在做

B.有时做，有时不做

C.从来不做

181.现在所说的洞穴壁画主要是哪个时期人类创作的？

A.旧石器时代

B.第一次冰河世纪时代

C.第二次冰河世纪时代

182.下列不属于洞穴壁画主要内容的是哪项？

A.狩猎活动

B.人物肖像

C.动物形态

183.欧洲洞穴壁画主要分布地不包括下列哪个地区？

A.法国南部

B.法国北部

C.西班牙北部

184.洞穴壁画的线条特点不包括下列哪项？

A.简洁有力

B.仪态生动

C.复杂飘逸

185.谁是已知最早的洞穴艺术家？

A.尼安德特人

B.山顶洞人

C.智人

186.已知最早的洞穴壁画位于哪个国家？

A.中国

B.英国

C.西班牙

187.已知最早的洞穴壁画大约有多少年的历史了？

A.40700 年

B.40900 年

C.40800 年

188.下列哪一项不是最早洞穴壁画的绘画内容？

A.将颜料喷在岩石上形成的碟形图案

B.古时候的牛羊形态

C.把手按在岩壁上然后喷洒颜料留下的手形图案

189.洞穴壁画开始出现一些复杂的图形是在什么时候？

A.距今约 40000 年前

B.距今约 30000 年前

C.距今约 20000 年前

190.最早什么时候人们开始运用不同的颜料来作画？

A.约 40000 年前

B.约 30000 年前

C.约 20000 年前

191.神话传说出现后洞穴壁画出现哪些变化？

A.开始出现一些复杂的形状

B.开始更加注重壁画的象征意义

C.线条开始更加硬朗

192.哪个时期是洞穴壁画创作的井喷期？

A.距今约 40000 年

B.距今约 30000 年

C.距今约 20000 年

193.最初的时候我们的祖先用什么当绘画工具？

A.手指或者牛尾、干草

B.兽骨管

C.画笔

194.最原始的洞穴壁画颜料是什么？

A.彩色矿砂

B.动物油脂

C.木炭

195.早期人类社会中最高级的绘画工具是用什么制成的？

A.兽骨

B.羽毛

C.牛尾

196.晚期的洞穴壁画颜料是用什么混合制成的？

A.动物油脂和木炭

B.彩色矿砂和木炭

C.动物油脂和彩色矿砂

197.以洞穴壁画中出现的牛身上的斑点为依据的是哪种关于洞穴壁画创作动机的理论？

A.狩猎理论

B.巫术理论

C.装饰理论

198.寄托用超自然力量来捕获猎物的是哪种理论？

A.契约理论

B.狩猎理论

C.巫术理论

199.关于洞穴壁画创作动机的装饰理论的前提是什么？

A.原始人类大都居住在洞穴中

B.原始人类经常打不到猎物

C.原始人类要与外界交流

200.书契理论认为洞穴壁画的创作动机是什么？

A.装饰洞穴

B.用诅咒的力量来增加捕获猎物的概率

C.记载一些事物，并且以此来与其他种族交流

201.下列哪项不属于洞穴壁画保护的天敌？

A.潮湿

B.光线

C.洞穴动物

202.下列哪一项不属于敦煌壁画得以保存上千年的原因？

A.古代做了良好的保存装置

B.当地有干燥的气候环境

C.大部分都被厚重的沙子掩埋

203.史前壁画保存都有什么特性？

A.异位保存

B.原位保存

C.无法保存

204.“胶囊”保存方法是哪个国家研发的？

A.美国

B.英国

C.日本

205.碳同位素测年的方法缺点是什么？

A.壁画中不一定有碳

B.壁画中的碳的成分很容易受到溶洞中其他碳元素的污染

C.碳同位素法不稳定

206.根据书中的观点，下列说法正确的是哪一项？

A.钟乳石测年用到了碳同位素测年法

B.对洞穴壁画进行测年是一件很容易的事情

C.碳同位素测年法是测定洞穴壁画年龄的最佳方法

207.根据艺术趋势测年的缺点是什么？

A.艺术趋势不好确定

B.艺术创作中存在特例

C.没有缺点

208.有没有一种方法可以准确地对壁画进行测年呢？

A.有

B.没有

C.有的壁画有，有的壁画没有

209.考古学家为何会对洞穴壁画如此着迷？

A.因为洞穴壁画十分精美

B.因为透过洞穴壁画可以看到远古时候的世界

C.因为洞穴壁画用的材料十分特殊

210.远古时候人类对大自然是怎样的情感？

A.憎恨

B.随意支配

C.敬畏

211.在母系社会时候，女性受到了怎样的对待？

A.被当作奴隶

B.被当作社会的底层

C.被推崇

212.我们可以从远古洞穴壁画中看不到哪个场景？

A.远古人类航海

B.远古人类狩猎

C.远古人类祭祀

213.阿尔塔米拉洞穴壁画在哪个国家？

A.美国

B.英国

C.西班牙

214.阿尔塔米拉洞穴壁画是什么时候得遗作？

A.公元前 3000 年到公元前 2000 年

B.公元前 30000 年到公元前 10000 年

C.公元前 40000 年到公元前 30000 年

215.下列哪种动物形象在洞穴壁画中看不到？

A.山羊

B.野马

C.企鹅

216.现代人是否可以画出远古壁画的神韵？

A.完全可以

B.非常困难

C.非常容易

217.为什么有的洞穴壁画被限制参观？

A.担心被偷窃

B.为了保护洞穴壁画不因旅游开发而破坏

C.为了提高门票价格

218.根据书中的观点，下列说法哪个是正确的？

A.洞穴被开发后，壁画经常会受到不可修复的损害

B.经过特殊处理的灯光长期照射，不会严重损害壁画的颜色

C.珍贵的洞穴壁画可以复制

219.氧气会对洞穴壁画造成哪种破坏？

A.洞穴壁画产生空鼓和翘曲

B.颜色发生变化

C.洞穴壁画脱落

220.下列哪项可以对洞穴壁画的颜色产生破坏？

A.灯光

B.潮气

C.洞穴动物的破坏

221.欧洲最早的两处洞穴壁画不在下列哪个国家？

A.英国

B.法国

C.西班牙

222.阿尔塔米拉洞窟最早在什么时候就有人类居住了？

A.公元前 3 万年至公元前 1 万年

B.距今 12000 ～ 18000 年前

C.距今 13000 ～ 19000 年前

223.阿尔塔米拉洞窟中群兽图有多长？

A.10 米

B.12 米

C.15 米

224.下列哪个洞窟位于西班牙境内？

A.阿尔塔米拉洞窟

B.拉斯考克斯洞窟

C.敦煌石窟

225.拉斯考克斯溶洞的壁画是哪个时期的？

A.新石器时代

B.旧石器时代

C.冰河世纪时代

226.拉斯考克斯溶洞的壁画距今约有多长时间？

A.15000 年

B.25000 年

C.35000 年

227.洞穴壁画中的动物不可能包括哪一项？

A.牛

B.企鹅

C.马

228.拉斯考克斯洞穴壁画中叠压的壁画最多有多少层？

A.14 层

B.15 层

C.16 层

229.马赛列诺·德桑图奥拉最初到阿尔塔米拉洞穴附近是为了干什么？

A.收集化石

B.洞穴探险

C.寻找女儿

230.马赛列诺·德桑图奥拉距离第一次到那里多久重新回去并发现了该洞穴？

A.3 年
B.4 年
C.5 年

231.是谁最先发现了阿尔塔米拉洞穴壁画？

A.马赛列诺·德桑图奥拉
B.马赛列诺·德桑图奥拉的女儿
C.马赛列诺·德桑图奥拉的妻子

232.最先出现的洞穴壁画是什么？

A.一头牛
B.一只羊
C.一只驯鹿

233.马古拉洞穴位于哪个国家？

A.美国
B.英国
C.保加利亚

234.马古拉洞穴壁画最早可以追溯到哪个时期？

A.旧石器时代
B.新石器时代
C.青铜器时代

235.马古拉洞穴壁画横跨了几个时代？

A.五个
B.四个
C.三个

236.马古拉洞穴壁画上的舞蹈具有哪个地区的风格？

A.胶州半岛
B.巴尔干半岛
C.日本半岛

237.拉斯考克斯洞穴位于哪个国家？

A.西班牙
B.保加利亚
C.法国

238.下列哪个洞穴不在全球五大史前洞穴壁画名单中？

A.阿尔塔米拉洞穴
B.猛犸洞
C.科斯奎尔洞穴

239.下列哪个洞穴是以其中众多的史前动物图像而闻名的？

A.马古拉洞穴
B.肖维特洞穴
C.科斯奎尔洞穴

240.下列哪个洞穴是五个洞穴里唯一的水下洞穴？

A.阿尔塔米拉洞穴

B.马古拉洞穴

C.科斯奎尔洞穴

241.洞穴探险者不包括哪一类？

A.少先队员

B.极限探险人员

C.科学考察人员

242.下列哪种人洞穴探险的知识相对比较薄弱？

A.普通的洞穴旅游者

B.极限运动的“驴友”

C.专业的洞穴探险队

243.下列哪种洞穴探险的危险性最小？

A.旅游景点玩赏

B.“驴友”结伴野外探险

C.专业队野外探险

244.下列哪一项不是专业探险队的探洞目的？

A.极限运动及旅游

B.科学考察

C.寻找下一个溶洞旅游胜地

245.下列不属于徐霞客称号的是哪项？

A.“游圣”

B.“千古奇人”

C.“诗圣”

246.徐霞客一共走过了多少个省市？

A.19个

B.20个

C.21个

247.徐霞客一共出游了多少年？

A.33年

B.34年

C.35年

248.《徐霞客游记》一共有多少字？

A.50万

B.60万

C.70万

249.非专业人员可以参加溶洞探险吗？

A.可以

B.有时可以，有时不可以

C.不可以

250.常规的洞穴探险是下列哪种？

A.已经开发的旅游洞穴探险

B.人迹罕至的洞穴

C.到未开发的洞穴探险

251.不属于野外洞穴探险所需的是什么？

A.良好的心理素质

B.超强的团队合作能力

C.熟悉景点的导游

252.不属于野外洞穴探险特点的是什么？

A.探洞强度高

B.危险程度高

C.有充分的安全保障

253.溶洞探险前的准备工作不包括哪一项？

A.置办相应的专业设备

B.队员召集越多越好

C.了解洞穴当地的地质、气候、水文特征

254.为什么要写下洞穴探险的基本信息留给别人？

A.为了证明自己曾经去过

B.为了便于后期遇到危险时展开救援

C.为了留作纪念

255.下列不属于洞穴中环境特点的是哪项？

A.封闭

B.无光

C.声音嘈杂

256.下列说法不正确的是哪项？

A.出发前要反复地检查装备是否齐全

B.出发前要尽量避免和别的队员接触，以免发生矛盾

C.出发前要认真地了解目标洞穴的情况

257.洞穴探险过程中的常识不包括下列哪一项？

A.雨后探洞

B.时刻注意照明装备

C.出发前检查装备

258.暴雨过后为什么不能探洞？

A.一定会有山洪暴发

B.洞穴中会有积水，容易溺水

C.洞穴结构极不稳定，容易塌方

259.下列不属于电石灯的特点的是哪项？

A.光照亮度大

B.不耐久

C.超长耐久

260.下列不属于电石灯的作用的是哪项？

A.用来照明

B.用来检测洞穴中氧气含量变化

C.用来烧烤食物

261.探洞时需要的主绳索至少要承重多少？

A.1000 千克

B.2000 千克

C.3000 千克

262.以下不属于专业安全带的特点的是哪项？

A.结构复杂

B.体积小

C.十分舒适

263.头盔最重要的性能是什么？

A.轻便

B.佩戴舒适

C.保护性能卓著

264.专业的衣服和背包是不是探洞必需的？

A.不是

B.是

265.探洞过程中不可能出现的危险是哪一项？

A.迷路

B.灼热

C.水淹

266.防止迷路的方法不包括以下哪种？

A.时常做标记

B.时不时地回头记地形

C.走一段路派一个人留守

267.遇到在洞穴中呼吸不畅的情况要怎么办？

A.继续探洞，直到快坚持不住再撤离

B.立刻撤离

C.试图在洞穴中找到一个薄弱地方设通风口

268.洞穴探险最少要几个人才能组成团？

A.30 人

B.3 人

C.300 人

269.以下不属于溪降峡谷深处的特点的是哪项？

A.不平坦

B.干燥

C.湿滑

270.溪谷中同一处的岩石湿滑程度一样吗？

A.一样

B.不一样

271.以下地点比较湿滑的是哪项？

A.砂石堆积的地方

B.较厚的苔藓处

C.裸露的大鹅卵石上

272.在溪谷中行走最好的方式是怎样的？

A.踩着石头尖跳跃式前进

B.一步一步缓慢行进

C.手拉手前进

273.蓝洞位于哪里？

A.加勒比海

B.东海

C.死海

274.每年在蓝洞丧生的探险者大约有多少？

A.10 个

B.20 个

C.30 个

275.探险者在蓝洞丧生的最主要死因是什么？

A.迷失方向

B.洞穴坍塌

C.被水下生物袭击

276.洞底的淤泥会给探险者带来什么麻烦？

A.会让探险者陷进去

B.会泛起而使探险者迷失方向

C.会堵住探险者前进的道路

277.迷路在洞穴探险中是常见事故吗？

A.是

B.不是

278.探洞中遇到迷路，要各展才能，分开探路，这种说法对吗？

A.对

B.不对

279.在没有照明的情况下要怎么做？

A.保持体力，原地等待救援

B.摸黑组织探洞

C.大哭来排解恐惧

280.在迷路的情况下以下哪种说法是错误的？

A.尽量保持冷静

B.大吃一顿，恢复体力，然后开始组织探洞

C.合理地分配饮水和食物，做最坏的打算

281.纽约探险家俱乐部位于哪个国家？

A.美国

B.日本

C.英国

282.纽约探险家俱乐部成立于什么时候？

A.1904 年

B.1905 年

C.1914 年

283.中国有探险家加入纽约探险家俱乐部吗？

A.有一位

B.没有

C.有很多位

284.目前完成“7+2 最高梦想”的一共有多少人？

A.10 人

B.15 人

C.20 人

285.下面哪一项不是洞穴摄影需要注意的事项？

A.使用三脚架

B.使用超长焦镜头

C.加大光圈

286.洞穴摄影要用较长时间曝光还是较短时间曝光？

A.较长时间曝光

B.较短时间曝光

C.快速曝光

287.洞穴摄影要用大光圈还是小光圈？

A.大光圈

B.小光圈

288.洞穴摄影要用长焦镜头还是用短焦镜头？

A.最好用长焦镜头
B.最好用短焦镜头
C.最好用超长焦镜头

289.溶洞旅游最近的发展情况怎么样？

A.十分迅猛
B.刚刚起步
C.开始下滑

290.下面哪一项不是溶洞旅游的优势？

A.视觉上让人惊叹
B.避暑佳处
C.观赏多姿多彩的动植物

291.溶洞旅游与大自然的亲近情况怎么样？

A.十分亲近大自然
B.根本不亲近大自然
C.有一些亲近大自然

292.溶洞中的壁画属于溶洞旅游的哪个优势？

A.溶洞探险
B.贴近自然
C.厚重的历史气息

293.溶洞中是靠什么变得五颜六色的？

A.本来就是五颜六色
B.灯光
C.阳光

294.溶洞中应用的是什么灯？

A.白炽灯
B.节能灯
C.LED 灯

295.强光会对溶洞产生破坏吗？

A.会
B.不会

296.下面哪一个不是中国的著名溶洞？

A.猛犸洞
B.织金洞
C.雪玉洞

297.下列哪个溶洞是中国最大的溶洞？

A.织金洞
B.雪玉洞
C.腾龙洞

298.下列哪个溶洞享有“岩溶博物馆”的盛誉？

A.龙宫
B.织金洞
C.雪玉洞

299.雪玉洞中是什么？

A.冰雪
B.碳酸盐岩石
C.玉石

300.欧若恩多加洞穴位于哪个国家？

A.美国
B.挪威
C.越南

301.挪威海蚀洞的奇特之处在哪里？

A.洞中有“结肠”一般的钟乳石
B.内壁十分光滑
C.内部钟乳石惟妙惟肖

302.斯科契扬溶洞位于哪个国家？

A.伊朗
B.英国
C.斯洛文尼亚

303.美国欧若恩多加洞穴有什么奇特之处？

A.洞中有“结肠”一般的钟乳石
B.内壁十分光滑
C.内部钟乳石惟妙惟肖

304.中国第一长洞是哪个溶洞？

A.腾龙洞
B.双河洞
C.织金洞

305.双河洞位于中国的哪个省份？

A.四川
B.广西
C.贵州

306.双河洞究竟有多长？

A.约 46 千米
B.约 146 千米
C.约 460 千米

307.亚洲第一长洞位于哪个国家？

A.中国
B.印度
C.马来西亚

308.黄龙洞位于中国的哪个省份？

A.湖南
B.湖北
C.广西

309.黄龙洞被探明的面积有多少？

A.10 万平方米
B.20 万平方米
C.30 万平方米

310.黄龙洞中有几个瀑布？

A.2 个
B.3 个
C.4 个

311.以下不属于黄龙洞六大游览区的是哪项？

A.龙舞厅
B.花果山
C.响水河

312.龙王洞位于中国的哪个省份？

A.湖南
B.湖北
C.广西

313.龙王洞有多长？

A.20 千米
B.30 千米
C.400 千米

314.龙王潭在哪个位置？

A.在龙王洞的洞口右下方
B.在龙王洞洞中
C.在龙王洞尽头

315.根据书中的观点，下列说法正确的是哪一项？

A.龙王潭的水位一年四季几乎保持不变
B.龙王洞的面积达 800 多平方米
C.龙王潭中午时常有雾气萦绕

316.雪花洞有多长？

A.20 千米
B.10 千米
C.1 千米

317.雪花洞最著名的是什么景观？

A.宏大的地下宫殿
B.多姿的溶洞形态
C.绚丽的雪花走廊

318.雪花走廊一共有多长？

A.173 米

B.573 米

C.1073 米

319.雪花洞中气候怎么样？

A.冬暖夏凉

B.终年恒温

C.变幻莫测

320.京东大溶洞的有多少年的历史？

A.10 亿年

B.15 亿年

C.20 亿年

321.下列哪一项不是说明京东大溶洞“壁奇”？

A.五光十色

B.“飞天壁画”

C.“龙绘天书”

322.下列哪一项不是京东大溶洞的奇观？

A.龙王潭

B.“飞天壁画”

C.“龙绘天书”

323.下列不属于织金洞的美誉的是哪项？

A.溶洞之王

B.岩溶博物馆

C.千古奇观

324.织金洞大约有多少种岩溶形式？

A.40 多种

B.30 多种

C.20 多种

325.塔林世界的洞厅有多大？

A.1.5 万平方米

B.1.6 万平方米

C.1.7 万平方米

326.梅山龙宫位于哪个省份？

A.湖南

B.湖北

C.云南

327.传说中，有几条青龙长住梅山龙宫？

A.1 条

B.上千条

C.9 条

328.下面哪个景点是梅山龙宫中的？

A. “飞天壁画”

B. “水中金山”

C. “龙绘天书”

329.梅山龙宫中的景观不包括下面哪一项？

A.非重力沉积

B.碧水莲洞

C.蝙蝠如云

330.长白山迷宫溶洞有几层？

A.一层

B.两层

C.三层

331.长白山迷宫溶洞有多久的历史了？

A.6 亿年左右

B.7 亿年左右

C.8 亿年左右

332.长白山溶洞中人们听到的水流声是从哪里发出的？

A.洞外的河流

B.洞内的河流

C.地下的暗河

333.以下不属于长白山迷宫溶洞未解之谜的是哪项？

A.长白山迷宫溶洞到底有多长

B.长白山迷宫溶洞的地下暗河的流向

C.长白山迷宫溶洞的年龄

334.“奇风洞”在中国的哪个地区？

A.广西

B.云南

C.贵州

335.用泥巴把“奇风洞”封住后会出现什么情况？

A.轻松地又被吹开

B.洞的“呼吸”就停止了

C.会把泥巴吃进去

336.“奇风洞”的直径有多大？

A.1 米左右

B.2 米左右

C.3 米左右

337.下列说法正确的是哪一项？

A. “奇风洞”和落水洞是相通的

B.每年雨季过去，“奇风洞”就开始“呼吸”了

C. “奇风洞”在云南石林的东南方向

338.号称“岭南第一奇观”的七星岩景区在什么地方？

A.广东省肇庆市

B.广西桂林市

C.河南省南阳市

339.下列哪一项是石室洞不同于其他溶洞的特色？

A.由水洞和旱洞构成

B.有钟乳石、石笋和石柱等自然景观

C.洞壁上和洞外均布满了摩崖石刻

340.石室溶洞内外现存摩崖石刻有多少件？

A.100 多件

B.400 多件

C.200 多件

341.石室溶洞内外现存摩崖石刻的形刻有哪些类型？

A.均为右行横幅或直幅

B.既有篆书和隶书，又有行书、楷书和草书

C.既有右行和左行，又有横幅、直幅和压刻等

342.哪一处洞穴被称为桂林山水中的“璀璨明珠”？

A.七星岩石室洞

B.宝天曼天心洞

C.芦笛岩洞

343.芦笛岩所处的区域在一百万年前曾是什么状态？

A.原始森林

B.地下湖

C.山峰

344.芦笛岩洞中保存了自唐代以来的多少则壁书？

A.70 多则

B.170 多则

C.17 则

345.芦笛岩洞在被开发重建后曾接待了一百多位中外领导人和政要，于是有了下列哪一项的称号？

A.“国宾洞”

B.“天心洞”

C.“岭南第一奇观”

346.天心洞位于哪里？

A.广东省肇庆市
B.广西桂林市
C.河南省南阳市

347.天心洞已经探明的可以开发的面积有多少平方米？

A.五百多平方米
B.五千多平方米
C.五万多平方米

348.下列哪一项是天心洞的独特之处？

A.洞口十分隐蔽
B.它是一个大理岩溶洞
C.历史名人留下了无数的岩画

349.天心洞众多的岩画主要是怎么来的？

A.天然形成的
B.历史名人留下的
C.普通工匠制作的

350.韩松洞位于下列哪两个国家之间？

A.缅甸和老挝
B.缅甸和越南
C.越南和老挝

351.被喻为韩松洞“吊灯”的是什么？

A.钟乳石
B.石笋
C.石花

352.韩松洞的洞顶最高达到了多少米？

A.200 米
B.220 米
C.240 米

353.世界上最深的洞穴是哪个？

A.韩松洞
B.乌鸦洞
C.猛犸洞

354.“音乐洞”位于哪个国家？

A.英国
B.美国
C.澳大利亚

355.“音乐洞”中的石柱是几边形？

A.四边形
B.五边形
C.六边形

356.“音乐洞”发出的声音像是哪种乐器奏出的声音?

A.钢琴

B.竖琴

C.笛子

357.英国维多利亚女王在什么时候参观了“音乐洞”?

A.1829 年

B.1847 年

C.1840 年

358.“鹿洞”位于哪里?

A.马来西亚婆罗洲沙捞越姆鲁山国家公园的地下

B.中国河南省西南部的南阳市内乡县宝天曼

C.中国广东省肇庆市

359.“鹿洞”为什么以“蝙蝠洞”之名闻名于世?

A.鹿们不喜欢集聚栖息这里了

B.蝙蝠出洞的景观更吸引人们的注意

C.洞的形状更像蝙蝠

360.鹿洞中大概栖居着多少蝙蝠?

A.数万只

B.数百万只

C.数千只

361.“蝙蝠洞”中的蝙蝠出洞时需要面对什么危险?

A.过度拥挤造成掉落

B.洞口太小较难飞出

C.被老鹰捕食

Mr. Know All
互动问答**答案**

001	002	003	004	005	006	007	008	009	010	011	012	013	014	015	016
B	C	C	A	A	A	A	A	B	C	C	A	C	A	B	C
017	018	019	020	021	022	023	024	025	026	027	028	029	030	031	032
A	B	C	A	B	C	B	C	A	B	B	A	C	C	A	C
033	034	035	036	037	038	039	040	041	042	043	044	045	046	047	048
B	A	B	B	C	C	A	B	B	A	A	C	B	C	B	C
049	050	051	052	053	054	055	056	057	058	059	060	061	062	063	064
C	C	A	B	B	A	C	B	A	C	A	A	C	A	A	C
065	066	067	068	069	070	071	072	073	074	075	076	077	078	079	080
C	A	A	B	B	A	A	B	C	C	B	C	B	A	A	C
081	082	083	084	085	086	087	088	089	090	091	092	093	094	095	096
B	B	C	C	B	C	B	C	C	A	B	A	B	C	A	B
097	098	099	100	101	102	103	104	105	106	107	108	109	110	111	112
B	B	B	B	A	B	B	A	A	B	B	B	C	A	A	A
113	114	115	116	117	118	119	120	121	122	123	124	125	126	127	128
A	B	A	A	A	C	A	B	A	A	B	C	A	B	C	C
129	130	131	132	133	134	135	136	137	138	139	140	141	142	143	144
B	A	A	B	C	A	A	B	B	A	B	B	B	B	C	A
145	146	147	148	149	150	151	152	153	154	155	156	157	158	159	160
B	B	A	C	A	B	C	B	A	A	C	B	C	B	C	B
161	162	163	164	165	166	167	168	169	170	171	172	173	174	175	176
A	B	C	C	B	B	B	C	A	B	B	C	A	B	C	A
177	178	179	180	181	182	183	184	185	186	187	188	189	190	191	192
A	B	B	B	A	B	B	C	A	C	C	B	B	C	B	C
193	194	195	196	197	198	199	200	201	202	203	204	205	206	207	208
A	C	A	C	A	C	A	C	C	A	B	C	B	A	B	B
209	210	211	212	213	214	215	216	217	218	219	220	221	222	223	224
B	C	C	A	C	B	C	B	B	A	B	A	A	A	C	B
225	226	227	228	229	230	231	232	233	234	235	236	237	238	239	240
B	A	B	A	A	B	B	A	C	A	C	B	C	B	B	C
241	242	243	244	245	246	247	248	249	250	251	252	253	254	255	256
A	A	A	A	C	A	B	B	B	A	C	C	B	B	C	B
257	258	259	260	261	262	263	264	265	266	267	268	269	270	271	272
A	C	B	C	B	A	C	B	B	C	B	B	B	B	C	A
273	274	275	276	277	278	279	280	281	282	283	284	285	286	287	288
A	B	A	B	A	B	A	B	A	A	A	B	B	A	A	B
289	290	291	292	293	294	295	296	297	298	299	300	301	302	303	304
A	C	A	C	B	C	A	A	C	B	B	A	B	C	A	B
305	306	307	308	309	310	311	312	313	314	315	316	317	318	319	320
C	B	C	A	A	C	B	A	B	A	A	C	C	A	B	B
321	322	323	324	325	326	327	328	329	330	331	332	333	334	335	336
A	A	C	A	B	A	C	B	C	B	A	C	C	B	A	A
337	338	339	340	341	342	343	344	345	346	347	348	349	350	351	352
A	A	C	B	C	C	B	B	A	C	C	B	A	A	A	A
353	354	355	356	357	358	359	360	361							
B	A	C	B	B	A	B	B	C							

每一个溶洞都是一个美丽的世界，是特定地区内地下水长期冲刷的结果。

喀斯特地貌又称岩溶地貌，是岩石在水的溶蚀等作用下，形成的地质形态。

钟乳石又称石钟乳，它的形成需要上万年的时间。

泉华是一种疏松多孔的沉积物，常沉淀于岩石缝隙和地表面。

溶洞中的植物主要是一些苔藓类植物。

洞穴是原始人类的重要栖身之所。

蝾螈是溶洞中一种特殊的动物，它分布广泛，体型娇小。

在溶洞中，蝙蝠位于食物链的最顶端，是当之无愧的“霸主”。

Mr. Know All

从这里，发现更宽广的世界……

Mr. Know All

小书虫读科学